■ 编写说明

我国正处在加快现代化建设进程和全面建成小康社会的关键时期。我国的基本国情决定，没有农业的现代化就没有整个国家的现代化，没有农民的小康就没有全面小康社会。加快现代农业发展，保障国家粮食安全，持续增加农民收入，迫切需要大力培育新型职业农民，大幅提高农民科学种养水平。实践证明，教育培训是提升农民生产经营水平，提高农民素质的最直接、最有效途径，也是新型职业农民培育的关键环节和基础工作。为做好新型职业农民培育工作，提升教育培训质量和效果，农业部对新型职业农民培育教材进行了整体规划，组织编写了"农业部新型职业农民培育规划教材"，供各类新型职业农民培育机构开展新型职业农民培训使用。

"农业部新型职业农民培育规划教材"定位服务培训、提高农民技能和素质，强调针对性和实用性。在选题上，立足现代农业发展，选择国家重点支持、通用性强、覆盖面广、培训需求大的产业、工种和岗位开发教材。在内容上，针对不同类型职业农民特点和需求，突出从种到收、从生产决策到产品营销全过程所需掌握的农业生产技术和经营管理理念。在体例上，打破传统学科知识体系，以"农业生产过程为导向"构建编写体系，围绕生产过程和生产环节进行编写，实现教学过程与生产过程对接。在形式上，采用模块化编写，教材图文并茂，通俗易懂，利于激发农民学习兴趣。

《花卉园艺工》是系列规划教材之一，共有十个模块。模块一——基本技能和素质，简要介绍花卉园艺工应掌握的基本知识与技能、应具备的素质和能力。模块二——基础知识，内容有常见花卉类别、环境条件对花卉生产的影响。模块三——花卉生产设施，介绍了温室生产设施和露地生产设施。模块四——花卉繁殖与育苗技术，内容有花

1

卉快速繁殖技术、花卉穴盘育苗技术、花卉扦插技术、花卉嫁接技术。模块五——盆栽花卉生产技术，介绍了盆栽花卉基本生产技术、观花花卉生产技术、观叶花卉生产技术。模块六——鲜切花生产技术，内容有鲜切花基本生产技术、主要鲜切花生产。模块七——露天地被花卉生产技术，内容有一年生露天地被花卉生产、二年生露天地被花卉生产。模块八——木本花卉生产技术，内容有木本花卉基本生产技术、主要木本花卉生产。模块九——花卉病虫识别与防治技术，介绍了花卉常见虫害及防治、花卉常见病害及防治。模块十　花卉应用技术，内容有花卉应用基础、插花技艺、花坛绿化应用、花境绿化应用。各模块附有技能训练指导、参考文献、单元自测内容。

农 业 部 新 型 职 业 农 民 培 育 规 划 教 材

HUAHUI YUANYIGONG

花卉园艺工

曹春英　主编

中国农业出版社

图书在版编目（CIP）数据

花卉园艺工 / 曹春英主编 . —北京：中国农业出
版社，2015.11
农业部新型职业农民培育规划教材
ISBN 978-7-109-21054-7

Ⅰ.①花… Ⅱ.①曹… Ⅲ.①花卉-观赏园艺-技术
培训-教材 Ⅳ.①S68

中国版本图书馆 CIP 数据核字（2015）第 255880 号

中国农业出版社出版
（北京市朝阳区麦子店街 18 号楼）
（邮政编码 100125）
策划编辑　张德君　司雪飞
文字编辑　李　晓

北京中兴印刷有限公司印刷　新华书店北京发行所发行
2015 年 11 月第 1 版　2015 年 11 月北京第 1 次印刷

开本：720mm×960mm　1/16　印张：17.25
字数：248 千字
定价：36.00 元
（凡本版图书出现印刷、装订错误，请向出版社发行部调换）

编 写 人 员

主　编　曹春英
参编人员　孙曰波　丁雪珍　张文静　李寿冰　张二海

目 录

模块六　鲜切花生产技术

模块九　花卉病虫识别与防治技术 ………………… 180

模块一
基本技能和素质

1 知识与技能要求

花卉园艺工是一种职业，这个职业所从事的工作是花卉种子（种球、种苗）的繁育、花卉的生产栽培、花卉的应用和组织管理。

花卉园艺工这一职业所涉及的工作岗位很多，主要有花卉育苗技术岗位、盆花生产技术岗位、鲜切花生产技术岗位、花坛绿化种植与管理技术岗位、花境绿化种植与管理技术岗位、病虫防治技术岗位、插花艺术岗位等。除此之外，还有拓展技术岗位，如园林景观设计与施工、城市绿地养护与管理、园林树木培育与造型修剪、草坪建植与管理等。

花卉园艺工应具备以下基本知识和技能：

（1）了解国内外花卉市场销售的主要品种、应用的栽培技术及市场现状、产业发展趋势。

（2）了解当地花卉生产优势，包括气候、土壤、运输等因素。

（3）了解花卉产品销售对象及销售渠道。

（4）了解常见花卉的名称与类别。

（5）掌握常见花卉种类对温度、湿度、光照、水分、酸碱度、肥料以及栽培基质的要求差异。

（6）了解常见盆花的生物学特性。

（7）掌握常见盆花的栽培管理技术（包括光照、温湿度、水肥、酸碱度、通风等环节）。

（8）掌握常见盆花的花期调控技术（包括采用温度、光照、激素等技术）。

（9）了解常见切花、草花的生物学特性。

（10）掌握常见切花、草花的栽培管理技术（包括光照、温湿度、水肥、通风、绑架等环节）。

（11）掌握常见切花、草花的花期调控技术（包括采用温度、光照、激素等技术）。

（12）了解常见培养土的类型。

（13）了解常见培养土的构成种类与比例。

（14）掌握常见培养土的配制操作技能。

（15）了解花卉上盆、倒盆、换盆的一般技术要求。

（16）掌握花卉上盆、倒盆、换盆的操作技能。

（17）了解花卉扦插、压条、分株、嫁接的一般技术要求。

（18）了解花卉播种的一般技术要求。

（19）掌握各类花卉扦插、压条、分株、嫁接等无性繁殖的操作技能。

（20）掌握各类花卉播种育苗的操作技能。

（21）掌握各类花卉播种、扦插、压条、分株、嫁接等育苗的后期管理技术。

（22）了解常见花卉病害的所属类别（侵染性、生理性、真菌、细菌、病毒、线虫等）。

（23）了解常见花卉害虫的所属类别（食叶害虫、刺吸害虫、钻蛀害虫、地下害虫等）。

（24）能够准确识别花卉常见的病虫害种类。

（25）能够根据花卉所发生的病虫害种类，制定切实可行的综合防治措施并付诸实施（包括采用物理防治、农业防治、生物防治、化学防治等方法）。

（26）常用农药的物理、化学特性与使用技术规范。

（27）了解插花技艺的一般规则。

（28）了解盆花摆设的一般规则。

（29）能够根据顾客的需求，插出不同风格的花束、花篮。

（30）能够根据客户的需要，进行会场、餐厅、门口等处的盆花摆设。

（31）能够进行生产场圃的建设，包括温室、大棚建造，给排水设备安装。

（32）能够合理安排产品生产周期，提高单位面积产值。

（33）掌握有效地控制成本以提高产品竞争力的各种措施方法，包括市场营销策略。

2 素质与能力要求

素质要求

（1）具备良好的职业道德。爱岗敬业，端正态度，工作认真负责，善始善终地完成每一项工作任务。

（2）具有较高的政治思想素质。关心国家大事，学习和遵守国家的法律法规，说话有原则，办事有立场，对事物有准确地判断和自律性。

（3）具备良好的身体素质和心理素质。性格要开朗，保持阳光的心理状态，张弛有度，以健康的体魄迎接每一天的工作。

（4）了解与本专业相关的法律法规。要了解劳动法、种子法、森林法、植物新品种保护法以及环境保护知识。熟悉安全生产中的花卉栽培设施，设备安全使用知识，安全用电知识，手动工具与机械设备的安全使用知识，农药、肥料、化学药品的安全使用，保管知识。能准确把握与专业技术相关的园林花卉国家统一生产标准，例如主要花卉产品等级、林木种子检验规程、主要造林树种苗木质量分级、花卉育苗技术规程、鲜切花生产技术标准、城市绿化管理条例等。

能力要求

（1）具有学习能力和创新能力。要主动地学习专业知识和相关专业知识，拓展知识面。熟练掌握各项专业技术和操作技能，准确把握各种花卉的生产流程以及产品生产标准。

（2）具备社会交往和与人沟通能力。要在短期内尽快适应工作岗位的环境，待人要宽容大度，主动积极地与他人交流沟通，团结协作完成工作任务。

（3）具有运用计算机处理工作领域内信息和技术的能力。了解工作领域中常用的计算机相关的信息和知识，熟练运用计算机处理工作领域内的信息技术。了解设施生产设备智能化感触计算机处理技术，能运用计算机进行文档处理，掌握园林 CAD 处理技术等。

（4）具有盆花生产技术和生产管理能力。了解各类盆花（蝴蝶兰、大花蕙兰、中国兰、君子兰、花烛、凤梨等）生产技术相关知识，并能分门别类地掌握各类盆花生产中的操作技术，能准确把握盆花的生产流程和产品标准。

（5）具有露地花卉商品化生产技术和生产管理能力。了解各类露地花卉应用类型和生产技术，并能分门别类地掌握各类花卉商品化生产中的各项操作技术，能准确把握花卉的生产流程和产品标准。

（6）具有切花生产技术和生产管理能力。了解各类鲜切花（切花菊、切花月季、切花非洲菊、切花唐菖蒲、切花香石竹、切叶、切枝等）生产技术，并能分门别类地掌握各类鲜切花生产中的操作技术，能准确把握鲜切花的生产流程和产品标准。

（7）具有盆景制作与养护能力。了解各类盆景（树桩盆景、山石盆景等）生产技术，并能分门别类地掌握各类盆景养护修剪技术，能准确把握盆景的产品标准。

（8）具有插花艺术和室内、外盆花装饰技术能力。了解各类盆花、鲜切花、盆景的观赏用途知识，分别掌握鲜切花插花技艺。掌握盆花室内外各种形式的装饰，充分体现装饰效果。

（9）具有园林绿地养护管理的技术能力。城市绿地种植花卉种类较多，观赏类型不一样，要按花卉养护管理的标准要求准确无误地施肥浇水、整枝修剪、病虫防治等技术处理，保持绿地永不褪色的绿色风貌。

（10）具有草坪建植与养护技术和生产管理能力。了解各类草坪建植技术，并能分门别类地掌握各类草坪养护修剪技术，能准确把握草坪管理养护标准。

（11）具有园林绿化工程施工的技术和管理能力。能掌握园林景观设计的相关知识以及 CAD 制图技术，以及景观维护以及修补技术，具有园林工程施工组织管理能力。

（12）具有拓展专业技术和创新能力。在专业技术方面要开发技术专利和研究技术新成果，并而能在生产中推广应用；在组织管理方面要解放思想，接受新理念，开拓工作思路，展开工作新局面。

学习笔记

模块二

基础知识

1 常见花卉类别

众所周知，我国地大物博，南北方花卉的种类繁多，形态各异，各种花卉又有着各自的特性，所需的生态条件不一样，商品用途不一样，要求的栽培技术也不一样。花卉生产的目标，就是培育观赏价值高的商品花卉，获得较好的经济效益。为了达到这一目标，我们要了解各种花卉的生物学特征、生态习性、生产方式和观赏用途，在生产中采取相应的栽培技术，获得较高的观赏价值。

从花卉生产的角度出发，介绍以下几类花卉。

■ 球根类花卉

球根类花卉的地下根或茎已变态膨大，利用其储藏的水分、营养，度过休眠期。球根花卉按形态的不同分为五类：

（一）鳞茎花卉

地下茎膨大呈扁平球状，由许多肥厚鳞片相互抱合而成的花卉。如水仙、风信子、郁金香、百合等。

（二）球茎花卉

地下茎膨大呈球形，茎内部实质，表面有环状节痕并附有侧芽，顶端有肥大顶芽的花卉。如唐菖蒲、荸荠等。

（三）块茎花卉

地下茎膨大呈块状，外形不规则，表面无环状节痕，块茎顶部分布有大小不同发芽点的花卉。如大岩桐、香雪兰、马蹄莲、彩叶芋等。

（四）根茎花卉

地下茎膨大呈粗长的根状，外形具有分枝，有明显的节间，节间处有腋芽，由节间腋芽萌发而生长的花卉。如美人蕉、鸢尾等。

图2-1　黄色鸢尾

图2-2　美人蕉根茎

（五）块根花卉

地下根膨大呈纺锤体形状，芽着生在根颈处，由此处萌芽而生长的花卉。如大丽花、花毛茛等。

■ 盆栽花卉

盆栽花卉的生产方式是盆栽，例如蝴蝶兰、中国兰、大花蕙兰、花烛、仙客来、君子兰、凤梨花以及观叶植物等。花卉盆栽生产是我国花卉产业的主要生产部分，在岭南、闽南、江浙地区已有相当大的产业，"南花北调"已是花卉市场的销售热点。南方的盆栽花卉在北方的冬季必须进温室保护栽培，也称温室花卉。近几年，山东、河北、北京郊区已应用日光温室，调节了冬季的温度，降低了加温栽培的成本，提高了花卉盆栽生产的经济效益。

这一类花卉花冠枝叶紧凑，造型美观，可根据观赏需求调节花期，观赏价值高。盆栽花卉有利于搬移，随时布置室内外的花卉装饰，年度无明显休眠现象，四季常绿，能连续多年栽培和观赏。盆栽花卉有观花花卉和观叶花卉两大类。

（一）观花花卉

观赏花卉的花朵。花卉的花大色艳，有独特的花形，有较高的观赏价值。例如蝴蝶兰、大花蕙兰、君子兰、花烛、鹤望兰、凤梨花、牡丹、仙客来、蟹爪莲等。

图2-3 花 烛

图2-4 青苹果竹芋

（二）观叶花卉

观赏花卉的叶片和茎秆。花卉的叶形奇特，叶色美丽，挺拔直立。例如龟背竹、苏铁、各类竹芋、文竹、变叶木、蒲葵、散尾葵、棕竹、巴西木、马拉巴栗（发财树）、蕨类植物等。

■ 木本花卉

木本花卉的茎干坚硬木质化，多年生栽培，多年观赏。根据形态分为三种类型。

（一）小乔木类

植株有独立的树干，树干上半部由主干发出侧枝形成树冠，根据商品的需求修剪成不同形状的树冠，提高观赏价值。例如杜鹃花、山茶花、梅花、金橘、石榴、木桩盆景等。

图2-5　石　榴　　　　　　　　　图2-6　牡　丹

（二）小灌木类

植株有丛生状枝干，表现丛生观赏效果。例如牡丹、月季、栀子花等。有的小灌木花卉可应用在绿篱或花篱中。例如贴梗海棠、连翘、迎春、紫荆、金叶女贞、紫叶小檗等。

（三）藤木类

植物茎木质化长而细弱，不能直立，需缠绕或攀缘在其他廊架上才能生长的花卉。如紫藤、攀缘月季、凌霄、络石等。

■ 水生花卉

水生花卉是常年生长在水中或沼泽地中的观赏植物。按其生态分为三种类型。

（一）挺水植物

根或地下茎生于泥水中，茎叶挺出水面。如荷花、千屈菜等。

图2-7　荷　花

（二）浮水植物

根或根状茎生于泥水中，叶面浮于水面或略高于水面。如睡莲、王莲等。

（三）漂浮植物

根伸展于水中，叶或植株浮于水面，随水漂浮流动，在水浅处可生根于泥中。如浮萍、凤眼莲等。

■ 鲜切花

切取植物新鲜的茎、叶、花、果等部分用作插花或花艺装饰，这一类花卉称为鲜切花。主要鲜切花有切花菊、切花月季、切花百合、唐菖蒲、康乃馨、非洲菊等。切叶类花卉有散尾葵、肾蕨、铁树等。

图2-8　切花百合

■ 露天地被花卉

露天地被花卉植物的茎为草本，柔软多汁，容易折断。

（一）一二年生花卉

一二年生花卉也称播种花卉，播种后直接成苗开花欣赏。

1. 一年生草花。 个体生长发育在一年内完成其生命周期的花卉。这类花卉一般在春天播种，当年夏秋季节开花、结果、种子成熟，入冬前植株枯死。如凤仙花、鸡冠花、孔雀草、半枝莲、紫茉莉等。

图 2-9　孔雀草

2. 二年生草花。 个体生长发育需跨年度才能完成生命周期的花卉。这类花卉一般在秋季播种，第二年春季开花、结果、种子成熟，夏季植株死亡。如金鱼草、金盏菊、三色堇、虞美人、桂竹香等。

（二）宿根花卉

植株入冬后，植物地上部分的茎、叶干枯，根系在土壤中宿存越冬，第二年春天由根萌芽而生长、发育、开花的花卉。如菊花、芍药、玉簪、蜀葵、楼斗菜、落新妇等。

图 2-10　菊　花

2 环境条件对花卉生产的影响

■ 温度

花卉在生长发育的过程中，温度是最重要的环境因子之一，关系也最为密切，它直接影响花卉的生理活动，如酶的活性、光合作用、呼吸作用、蒸腾作用等。

每一种花卉的生长发育对温度都有一定的要求，都有温度的"三基点"，即最低温度、最适温度和最高温度。花卉种类不同，原产地不同，温度的"三基点"也不相同。原产热带的花卉，基点温度较高，一般在 18℃，开始生长；原产温带地区的花卉，基点温度较低，一般在 10℃ 左右就开始生长；原产亚热带的花卉，基点温度介于二者之间。

知识链接

根据原产地的气候，一般可将花卉分为四类。

1. 寒带花卉。原产于寒带和温带以北的花卉。如三色堇、桂竹香、雏菊、雨衣甘蓝、鸢尾、玉簪、荷兰菊、菊花、郁金香、风信子、碧桃、蜡梅、小叶黄杨、北海道黄杨等。这一类花卉能适应 0℃ 以下的低温，能够露地自然越冬（即指冬季不需要保护就能安全越冬）。

2. 温带花卉。原产于华东地区、华中地区长江流域的花卉，如美女樱、福禄考、紫罗兰、石竹、金鱼草、蜀葵、杜鹃花、山茶花、木槿、金钟花、连翘、黄刺梅、棣棠、迎春花等。这一类花卉能适应0℃左右的低温，冬季需稍加保护就能安全越冬。

3. 亚热带花卉。原产于广东、广西、福建、云南等地的花卉，如一串红、百日草、凤仙花、紫茉莉、矮牵牛、中国兰、桂花等。这一类花卉耐寒性较差，不能适应5℃以下的低温，露地栽培遇霜后枯死。

4. 热带花卉。原产于南方热带地区，如蝴蝶兰、石斛兰、花烛、马拉巴栗、凤梨类花卉、喜林芋类观叶植物、竹芋类观叶植物等。这一类花卉不能适应10℃以下的低温，在海南、岭南、闽南等地可露地栽培，在北方必须在设施内栽培，10℃就会出现冻伤冻害的现象。

（一）花卉生长发育对温度的要求

花卉植物的一生，对温度的要求是随着生长发育阶段的不同而改变的，如一年生花卉，种子发芽时要求温度较高（25℃左右），幼苗期要求温度偏低（18～20℃），由生长阶段转入发育阶段对温度的要求又逐渐增高（22～26℃）。而二年生花卉，种子发芽时要求温度偏低（20℃），幼苗期要求温度更低（13～16℃），而开花结果期则要求温度偏高（22～26℃）。

花卉根系生长的最适温度比地上部分低3～5℃。春季大多数花卉根系的活动要早于地上部分。选择一些木本花卉根系已开始萌动、树液已流动，而芽尚未萌发的时机进行嫁接，对提高嫁接成活率十分有利。

同一花卉在不同物候期对温度的"三基点"要求也不同，如休眠期对温度要求偏低，生长期则偏高。生长期的各个阶段对温度要求也不同，如先花后叶的梅花、牡丹花，花芽萌发的温度偏低，叶芽萌发的温度偏高。

植物光合作用时的温度比呼吸作用时要低，一般花卉的光合作用在高于30℃时，酶的活性受阻，而呼吸作用在10～30℃每递增10℃，呼吸强度成倍增加。因此，高温不利于植物营养积累。酷暑盛夏，除高温花卉之外应采取降温措施。

（二）花芽分化对温度的要求

花卉在个体发育的某一时期，需通过一个低温时期，才能促进花芽分化，否则不能开花，这个低温周期称为春化作用。春化作用是花芽分化的前提，不同的花卉对通过春化的温度、时间有差异。如秋播的二年生花卉需0～10℃才能通过春化，而春播的一年生花卉则需较高温度才能通过春化。

1. 高温分化花芽。春花类花卉在6～8月25℃以上时进行花芽分化，花芽形成后，经过冬季的低温过程，才能在春季开花。否则花芽分化会受到障碍影响开花。如梅花、桃花、樱花、海棠花、杜鹃花、山茶花等。球根花卉在夏季高温生长期进行花芽分化，如唐菖蒲、晚香玉、美人蕉等。有些球根花卉则在夏季休眠期花芽分化，如郁金香花芽形成最适温度为20℃，水仙需13～14℃，杜鹃花需19～23℃。在某些地区高温时期的花芽分化是导致阻碍开花、植株退化的主要原因。

2. 低温分化花芽。原产温带和寒带地区的花卉，在春秋季花芽分化时要求温度偏低，如三色堇、雏菊、天人菊、矢车菊等。有部分亚热带花卉或热带花卉在花芽分化需要的温度偏低，如蝴蝶兰生长适温为18～28℃，则花芽分化温度要低于18℃，否则不能正常开花。大花蕙兰、墨兰系列花芽分化期温度也要偏低于生长温度，还需要有10℃的昼夜温差。

3. 积温分化花芽。花卉的生长发育，不仅需要热量水平，还需要热量的积累。这种热量积累常以积温来表示。特别是感温性较强的花卉在各个生育阶段所要求的积温是比较稳定的。如月季从现蕾到开花所需积温为 300~500℃，而杜鹃由现蕾到开花则为 600~750℃，又如短日照花卉象牙红从开始生长到形成花芽需要 10℃以上的活动积温 1350℃，它在大于 20℃气温环境中仅需两个多月就能形成花芽并能开花，而在 15℃的环境中就需要 3 个月才能形成花芽。了解感温花卉的温度条件，以及它们在生长发育过程中或某一发育阶段所要求的积温，对于促成栽培与抑制栽培都很有意义。

（三）花卉对温度周期变化的适应性

1. 温度的年周期变化。我国大部分地区春、夏、秋、冬四季分明，一般春、秋季气温在 10~22℃，夏季平均气温在 25℃，冬季平均气温在 0~10℃。对于原产温带和高纬度地区的花卉，一般均表现为春季发芽，夏季生长旺盛，秋季生长缓慢，冬季进入休眠。如郁金香、红花石蒜、香雪兰、唐菖蒲等。吊钟海棠、天竺葵、仙客来等虽不落叶休眠，但在高温季节也常常进入半休眠状态。这样的休眠是植物生理在不良环境下的代谢平衡，经过休眠后的花卉，在下一阶段生长发育得更好、更健壮。

由于温度年周期节律变化，有些花卉在一年中有多次生长的现象。如代代、佛手、桂花、海棠等。在秋季生长的秋梢，常由于面临严冬，枝条不充实，不利于分化花芽，应予以控制。

春化现象也是花卉对温周期的适应。牡丹、芍药的种子如进行春播，则不能解除上胚轴的休眠；丁香、碧桃若无冬季的低温，则春季的花芽不能开放；为了使百合、水仙、郁金香在冬季开花，就必须在夏季进行冷藏处理。

2. 温度的日周期变化。昼夜温差现象是自然规律，白昼的高温，有利于光合作用，夜间的低温可抑制呼吸作用，降低对光合产物的消耗，有利于营养生长和生殖生长。适当的温差还能延长开花时间，使果实着色鲜艳等。各种花卉对昼夜温差的需要与原产地日温变化幅度有关。属于大陆气候、高原气候的花卉，昼夜温差 10~15℃较好；

属于海洋性气候的花卉，昼夜温差 5～10℃较好；原产低纬度的花卉，在昼夜温差很小的情况下，仍可生长发育良好。

花卉的发芽、生长、现蕾、开花、结实、果实成熟、落叶、休眠等生长发育阶段，均与当时的温度值密切有关。了解地区气温变化的规律，掌握花卉的物候期，对有计划地安排花事活动非常重要。

■ 光照

光照是绿色植物生存的必要条件，它是叶绿素形成、光合作用的能源。没有光照也就没有绿色植物。

（一）光照度

光照度是指光照的强度。光照度的强弱，与花卉植物体细胞的增大、分裂和生长有密切关系。光照度增加，植株生长速度加快，促进植物的器官分化，制约器官的生长和发育速度，植物节间变短、变粗，提高木质化程度，促进根系的生长形成根冠比，促进花青素的形成使花色鲜艳。在花卉栽培中，花卉在吸收光照时需要直射光或漫散射光。

1. 阳性花卉。 这一类花卉整个生长发育期喜欢直射光，所以在栽培中必须给予充足的阳光照射才能开花。光照充足使花卉植株高矮适宜，花芽分化正常，花色鲜艳，坐果率高，挂果时间长。如月季、荷花、香石竹、一品红、菊花、牡丹、梅花、一串红、唐菖蒲、郁金香、百合花、鸡冠花、冬珊瑚、石榴等。

2. 中性花卉。 这一类花卉在春、秋、冬三季需太阳直射光，夏季光照强烈时需遮阳栽培。如扶桑、仙人掌、天竺葵、朱顶红、晚香玉、景天、虎皮兰等。

3. 阴性花卉。 这一类花卉在整个生长发育期需要漫散射光，在北方的 5～10 月份需遮阳栽培，直射光能破坏植物细胞内的叶绿素。在南方需全年遮阳栽培，在北方的早春和冬季温室栽培需太阳光。如秋海棠、万年青、玉簪、麦冬、八仙花、变叶木、朱蕉、君子兰、何氏风仙等。

4. 强阴性花卉。这一类花卉在整个生长发育期需要漫散射光，不能见直射光。在南北方全年需遮阳栽培。如蕨类植物、马蹄莲、竹芋、绿箩、散尾葵、马拉巴栗、鸭跖草等。

（二）光质

花卉栽培是在太阳光的全光谱下进行的，但是不同的光谱成分对花卉的光合作用、叶绿素、花青素的形成有不同的效果和影响。

在光合作用中，绿色植物只吸收可见光区的大部分，通常把这一部分光波称为生理有效辐射。其中红、橙、黄光是被叶绿素吸收最多的光谱，它们有利于促进植物的生长。青、蓝、紫光能抑制植物的伸长而使植株矮小，并有利于控制花青素等植物色素的形成。在不可见光谱中紫外线也能抑制茎的伸长和促进花青素的形成，它还具有杀菌和抑制植物病虫害传播的作用。红外线是转化为热能的光谱，使地面增温及增加花卉植株的温度。

花卉在高原、高山地区栽培，受太阳辐射中所含的蓝、紫及紫外线的成分多，因此高原、高山花卉常具有植株矮小、节间较短、花色艳丽等特点。花青素是各种花卉的主要色素，它来源于色原素，产生于阳光强烈时，而在散射光时不利于形成。因此，在室外花色艳丽的花卉，移入室内一段时间后，叶色和花色便会变淡，影响观赏，所以，观花花卉在室内观赏一段时间后，再移入阳台给予阳光的补充，花色仍然艳丽。

（三）光周期

光周期就是指每天光照时数的交替现象。花卉在栽培中，需要光周期现象，才能完成植物的生理活动，而达到开花的目的。

1. 短日照花卉。这一类花卉的每天光照时数在 12 小时以下才能分化花芽而完成开花，如菊花、象牙红、蟹爪莲、一品红等。

2. 长日照花卉。这一类花卉的每日光照时数在 12 小时以上才能分化花芽而完成开花，如紫茉莉、唐菖蒲、飞燕草、荷花、丝石竹、补血草类等。

3. 中日照花卉。 这一类花卉对光照时数不敏感，无光照时间限制即能完成分化花芽而开花，如仙客来、香石竹、月季、牡丹、一串红、非洲菊等。

了解花卉开花对日照长短的反应，对调节花期具有重要的作用。利用这一特性可以提早或延迟花卉的花期。如使短日照花卉长期处于长日照的条件下，它只能进行营养生长，不能进行花芽分化，不形成花蕾开花。而如果采用遮光的方法，可以促使短日照花卉提早开花，反之，用人工加光的方法可以促使长日照花卉提早开花。

■ 水分

水分是花卉的重要组成部分，也是花卉生理活动的必备条件。花卉的光合作用、呼吸作用、矿物质营养吸收及运转，都需要有水分的参与才能完成。水分是决定花卉地理分布的重要生态因子之一。由于不同环境下花卉植物可利用水源的匮乏程度不同以及不同花卉植物对环境的适应性不同，造就了不同的植物类群。我们要了解花卉植物对水分的要求，在栽培中给予适宜的水分条件，才能达到正常生长、发育和开花的目的。

各类花卉在栽培中对水分有不同的要求，同一花卉植物在不同的生长发育时期，对水分的要求也不同。种子萌发时需足够的水分，成苗后需控水，防治徒长、烂根，促进均衡生长。营养生长旺盛期需水量最多，增加细胞的分裂和伸长以及各个组织器官的形成。生殖生长期需水偏少，控制生长速度和顶端优势，有利于花芽分化。孕蕾期和开花期，需水偏少，延长观花期。坐果期和种子成熟期，需水偏少，延长挂果观赏期和种子成熟期。

栽培中如果空气湿度过大，如超过 90%，往往使花卉的枝叶徒长，而造成落蕾、落花、落果现象。空气湿度过小，也容易造成"哑花"现象，花蕾在发育期逐渐萎缩，发黄，不能开花。观花花卉的空气湿度一般掌握在 75%～85%，观叶植物则需要较高的空气湿度，90% 以上空气湿度能增加枝叶的亮度和色泽。

知识链接

花卉对水分要求的原产地属性

　　不同原产地的花卉植物由于生态环境的影响，在形态及生理特性上表现出对水分的不同适应程度，依据花卉对水分需求的不同，大致分为四种类型。

　　1. 旱生花卉。原产于干旱或沙漠地区，耐旱能力强，能忍受土壤或空气长时间的干旱而存活，如仙人掌科、景天科、番杏科植物等。这类花卉植物茎变肥厚，叶片变小为针刺状或表皮角质层加厚呈革质，以减少水分蒸发。植物细胞浓度大，渗透压高，水分蒸腾速率降低，生长速度慢。同时，地下根系发达，吸收水分能力强。在栽培过程中掌握宁干勿湿的浇水原则，如果土壤水分过大，会因烂根、烂茎而死亡。

　　2. 中生花卉。原产温带地区，如月季、菊花、唐菖蒲、非洲菊、郁金香、山茶花、牡丹、芍药等，这一类花卉能适应干旱环境也能适应多湿环境。根系发达吸收水分能力强，适应于干旱环境，叶片薄而伸展适应于多湿环境。在栽培过程中以干湿适中的环境为宜，通常需要保持60%左右的土壤含水量。

　　3. 湿生花卉。原产热带或亚热带地区，如杜鹃花、兰花、桂花、栀子花、茉莉花、马蹄莲、竹芋等，这一类花卉喜欢土壤疏松和空气多湿的环境。根系小而无主根，须根多，水平状伸展。地上附生气生根。地下根系吸收水分少，地上叶片蒸发少，通过多湿环境补充植株水分，保持体内水分平衡。在栽培过程中掌握宁湿勿干的浇水原则。

4. 水生花卉。这一类花卉长年生长在水中或沼泽地中，体内已经形成发达的通气器官组织，通过叶柄或叶片直接呼吸氧气，须根吸收水分和营养。它们无主根而且须根短小，必须依附在水中或者在沼泽地中生存。如荷花的横生茎（藕），内有多条通气道直接连接叶柄，通过伸出水面的叶片来进行气体交换完成呼吸作用。常见的水生花卉有睡莲、千屈菜、慈姑、凤眼莲等。

气体

空气的各种成分对花卉生长的作用不同，有的是有害无益的。随着城乡的绿化装饰越来越多，绿化覆盖面越来越大，净化空气的效果越来越好。随着工业生产的发展，空气时常受到不同程度的污染，有的花卉吸收了有害气体，起到了绿色环保的作用。但有的花卉受到危害，影响了正常的生长发育。

（一）氧气

氧气是植物呼吸作用所必需的，空气中的氧气含量对花卉的生长需要是足够的，但土壤中氧气含量比大气要低得多，尤其是质地黏重、板结、性状结构差、含水量高的土壤，常因氧气不足，导致植株根系不发达或缺氧而死亡。盆栽花卉的根系在盆壁与盆土接触处生长最旺盛，因此花卉盆栽宜选用透气性较好的瓦盆。在花卉栽培中的排水、松土、翻盆及清除花盆外的泥土、青苔等工作均能改善土壤通气性。

不同花卉的种子发芽对氧气的反应不一样，如矮牵牛种子有湿度就能发芽；大波斯菊、翠菊、羽扇豆的种子如果浸泡于水中，就会因缺氧而不能发芽。大多数的花卉种子都需要土壤含氧量在 10% 以上才能发芽好，土壤含氧量在 5% 以下时，许多种子不能发芽。

花卉栽培中进行花期调控时，可适当利用某些气体对植物产生的特殊作用，如对休眠的杜鹃花，在每 100 千克体积空气中加入 100 毫升的浓度为 40% 的 2-氯乙醇，24 小时就打破休眠，提早发芽开花。郁金香、小苍兰在每 100 千克的空气中加入 20~40 克的乙醇，经 36~48 小时能打破休眠提前开花。

（二）二氧化碳

二氧化碳是植物光合作用的主要原料。空气中二氧化碳的浓度对植物光合作用有直接影响，如浓度过大，超过常量的 10~20 倍，会迫使气孔关闭，光合作用下降。白天阳光充足，植物的光合作用十分旺盛，如果空气流通不畅，二氧化碳的浓度低于正常浓度的 80% 时，就会影响光合作用正常进行。露地花卉栽培的株行距或盆花栽培摆放的密度不要太密，应留有一定的风道进行通风。

花卉对有害气体的抗性

目前在工业集中的城市区域大气中的有害物质可能有数

百种，其中影响较大的污染物质有粉尘、二氧化硫、氟化氢、硫化氢、一氧化碳、化学烟雾、氮的氧化物、甲醛、氨、乙烯及汞、铅等重金属氧化物粉末等，在这些物质中以二氧化硫、氟化氢、氯、化学烟雾以及氮的氧化物等对花卉植物的危害最严重，但是不同的污染物质对不同的花卉植物危害程度不一，有的花卉植物抗性很强。

1. 抗二氧化硫的花卉。金鱼草、蜀葵、美人蕉、金盏菊、紫茉莉、鸡冠、酢浆草、玉簪、大丽花、凤仙花、地肤、石竹、唐菖蒲、菊花、茶花、扶桑、月季、石榴、龟背竹、鱼尾葵等。

2. 抗氟化氢的花卉。大丽花、一串红、倒挂金钟、山茶、牵牛、天竺葵、紫茉莉、万寿菊、半支莲、葱兰、美人蕉、矮牵牛、菊花等。

3. 抗氯气的花卉。代代、扶桑、山茶、鱼尾葵、朱蕉、杜鹃、唐菖蒲、一点樱、千日红、石竹、鸡冠花、大丽花、紫茉莉、天人菊、月季、一串红、金盏菊、翠菊、银边翠、蜈蚣草等。

4. 抗汞的花卉。含羞草。

参考文献

曹春英.2010.花卉栽培.北京：中国农业出版社.
殷华林.2007.兰花栽培实用技法.合肥：安徽科学技术出版社.
岳桦.2006.园林花卉.北京：高等教育出版社.
中国花卉协会，国家林业局职业技能鉴定指导中心.2007.花卉园艺师.北京：中国林业出版社.

单元自测

1. 什么是球根花卉？举例说明。

2. 什么是盆栽花卉？为什么它的生产方式是盆栽？

3. 露地花卉分哪几类？怎么应用？

4. 识别 10 种盆栽花卉、5 种球根花卉、10 种木本花卉、10 种露地花卉，熟悉各种花卉的名称和科属。

5. 花卉栽培的环境包括哪些方面？各有何特点？

6. 光周期对花卉栽培有何意义？

学习笔记

模块三

花卉生产设施

花卉生产设施是指人为建造的适宜或保护不同类型花卉正常生长发育的各种建筑及设备。花卉温室生产设施主要有现代化智能温室、日光温室、塑料大棚等。花卉露地生产设施主要有风障、冷床、温床、荫棚、地窖等。利用这些设施栽培花卉，可以周年进行花卉生产，保证花卉的周年供应。

1 温室生产设施

■ 现代化智能温室

现代化智能温室又称连栋温室、现代化温室，是花卉栽培设施中的高级类型，其机械化、自动化程度很高，劳动生产率高。温室内部环境可自动化调控，基本不受自然条件的影响，能全天候进行设施花卉的生产。这种温室主要用在蝴蝶兰生产栽培中。

（一）类型

现代化温室按屋面特点分为屋脊型和拱圆型两类。屋脊型温室主要以玻璃作为透明覆盖材料，代表类型为芬洛型温室（图3-1）。拱圆型温室主要以塑料薄膜为透明覆盖材料（图3-2）。

（二）结构及设备

以现代化屋脊型智能温室为例，介绍其结构及其生产系统。

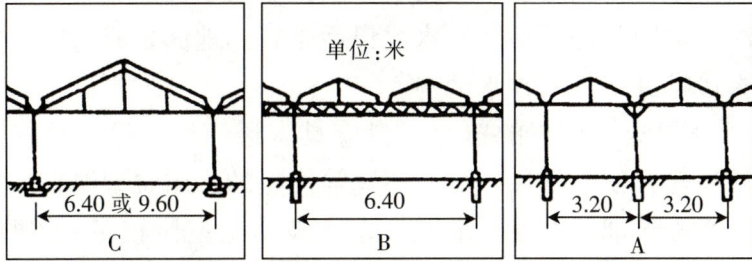

图 3-1　芬洛型温室

图 3-2　拱圆型温室

1. 框架结构。

（1）基础构件。框架结构的组成首先是基础构件，它是连接结构与地基的构件，它将风荷载、雪荷载、植物吊重、构件自重等安全地传递到地基。基础构件由预埋件和混凝土浇筑而成，塑料薄膜温室的基础比较简单，玻璃温室较复杂，且必须浇注边墙和端墙的地固梁。

（2）骨架。一类是柱、梁或拱架都用矩形钢管、槽钢等制成，经过热浸镀锌防锈蚀处理；另一类是门窗、屋顶等为铝合金型材，经抗氧化处理，轻便美观、不生锈、密封性好，且推拉开启省力。目前，大多数荷兰温室厂家都采用并安装铝合金型材和固定玻璃。也有公司用薄壁型钢，但外层用镀锌、铝和硅添加剂组成的复合材料。该构件结合了铝合金型材耐腐蚀性强、钢镀锌件强度高的优点。

（3）排水槽。又叫"天沟"，将单栋温室连接成连栋温室，同时又起到收集和排放雨（雪）水的作用。排水槽自温室中部向两端倾斜延伸，坡降多为0.5%。连栋温室的排水槽在地面形成阴影，约占覆盖地面总面积的5%，因此要求在保证结构强度和排水顺畅的前提下，排水槽截面积尽可能最小。为防止冬季夜晚覆盖物内表面形成冷凝水而滴到植物上或增加室内湿度，在排水槽下面还安装有半圆形的铝合金冷凝水回收槽，将冷凝水收集后排放到地面，或与雨水回收管相连，直接排到室外或蓄水池中。

2. 覆盖材料。理想的覆盖材料应具有透光性、保温性好，坚固耐用，质地轻，便于安装，价格便宜等优点的。屋脊型温室的覆盖材料主要为平板玻璃（西欧、北欧、东欧玻璃温室比较多），塑料板材（FRA板、PC板等）和塑料薄膜。现在用的大多是聚碳酸酯板材（PC板）覆盖材料，坚固耐用不易污染。再就是玻璃和薄膜两种材料，玻璃保温透光好，重量大些。塑料薄膜价格低，质地轻，便于安装，但不适于屋脊型温室。

3. 自然通风系统。自然通风系统是温室通风换气、调节室温的重要方式，有侧窗通风、顶窗通风和顶窗加侧窗通风三种类型。顶窗加侧窗通风效果比只有侧窗好，在多风地区，如何设计合理的顶窗面积及开度十分重要，因其结构强度和运行可靠性受风速影响较大，设计不合理时易降低运行可靠性，并限制其空气交换潜力的发挥。顶窗开启方向有单向和双向两种，双向开窗可以更好地适应外界条件的变化，也可较好地满足室内环境调控的要求。天窗的设置方式多种多样，如图3-3所示。

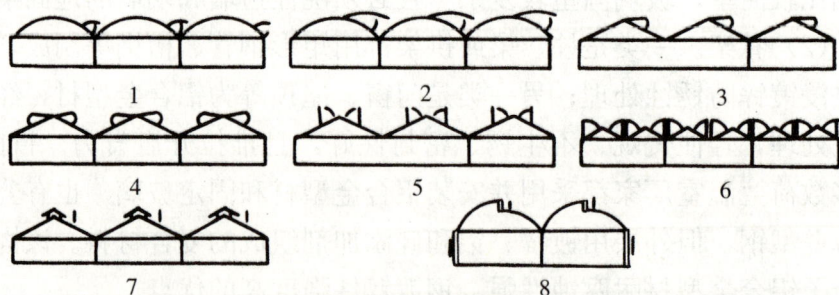

图3-3　温室天窗位置设置的种类
1. 谷肩开式　2. 半拱开启　3. 顶部单侧开启　4. 顶部双侧开启
5. 顶部竖开式　6. 顶部全开式　7. 顶部推开式　8. 充气膜叠层垂幕式

开启玻璃温室开窗常采用联动式驱动系统，工作原理是发动机转动时带动纵向转动轴，并通过齿轴-齿轮机构，将转动轴的转动变为推拉杆在水平方向上的移动，从而实现顶窗启闭。

4. 加温系统。现代化温室因面积大，没有外覆盖保温防寒，只能依靠加温来保证寒冷季节设施花卉正常生产。目前加温系统大多采用集中供暖分区控制的方式，主要有热水管道加温和热风加温两种方式。

热水管道加温主要是利用热水锅炉，通过加热管道对温室加温。该系统由锅炉、锅炉房，调节组、连接附件及传感器、进水及回水主管和温室内的散热器等组成。根据温室内花卉生长的变化，散热器按排列按管道的移动性可分为升降式和固定式管道；按管道的位置则可分为垂直排列和水平排列管道。热水管道加温的特点是温室内温度上升速度慢，室内温度均匀，在停止加热后温室内温度下降的速度也慢，因此有利于花卉生长。但所需的设备和材料多，安装维修费时、费工，一次性投资大，且需另占土地修建锅炉房等附属设施。温室面积大时，一般采用热水管道加温。

热风加热主要是利用热风炉，通过风机将热风送入温室加热。该系统由热风炉、送气管道（一般用聚乙烯薄膜作管道）、传感器及附件等组成。热风加热采用燃油或燃气进行加热，其特点是温室内温度上升速度快，但在停止加热后，温度下降也快，加热效果不及热水管道。但设备和材料较热水管道节省，安装维修简便，占地面积小。热风加温适用于面积比较小的温室。

5. 帘幕系统。帘幕系统具有双重功能，即在夏季可遮挡阳光，降低温室内的温度，一般可遮阴降温7℃左右；冬季可增加保温效果，降低能耗，提高能源的有效利用率，一般可提高6～7℃。帘幕系统分为内遮阳系统和外遮阳系统。

内遮阳保温系统使用的帘幕材料有多种形式，常用塑料线编制而成，按保温和遮阳的不同要求，嵌入不同比例的铝箔，有节能型、节能遮光型、遮光型和全遮光型等。具有保温节能、遮阳降温、防水滴、减少土壤蒸发和作物蒸腾、节约灌溉用水的作用。

外遮阳系统利用遮光率为70％或50％的黑色网幕覆盖于距温室屋顶以上30～50厘米处，可降低室温4～7℃，最多时可降10℃，同时也可防止花卉日灼，提高产品质量。

帘幕开闭驱动系统有钢丝绳牵引式驱动系统和齿轮-齿条驱动系统两种。前者传动速度快，成本低；后者传动平稳，可靠性强，但造价略高，二者都可实现自动控制或手动控制。

6. 降温系统。微喷降温系统：通常与自然通风系统合用，它可以使温室冷却更为均匀。在温室中喷雾系统用非常高的水压产生迷雾，雾滴在到达植物表面之前就被蒸发。吸收空气中的大量热量，然后将潮湿空气排出室外达到降温目的。其降温能力在 $3\sim10℃$，一般适于长度超过 40 米的温室。

湿帘降温系统：利用水的蒸发降温原理来实现温室的降温。通过水泵将水打至温室特制的疏水湿帘上，湿帘通常安装在温室北墙上，以避免遮光影响作物生长。风扇则安装在南墙上，当需要降温时启动风扇将温室内的空气强制抽出并形成负压。室外空气在因负压被吸入室内的过程中以一定速度从湿帘缝隙穿过，与潮湿介质表面的水汽进行热交换，导致水分蒸发冷却，冷空气流经温室吸热后再经风扇排出达到降温目的。在炎夏晴天，尤其是中午温度高、相对湿度低时，降温效果最好，是一种简易有效的降温系统。

此外，还可以通过幕帘遮阳、顶屋面外侧喷水、强制通风等方式降温。

7. 灌溉和施肥系统。完善的灌溉和施肥系统，通常包括水源、贮水及供给设施、水处理设施、灌溉和施肥设施、田间网络、灌水器如滴头等。其中，贮水及供给设施、水处理设施、灌溉和施肥设施构成了灌溉和施肥系统的首部，首部设施可按混合罐原理制作成一个系统。灌溉首部配置是保证系统功能完善程度和运行可靠性的一个重要部分（图 3-4）。

常见的灌溉系统有适于土壤栽培的滴灌系统，适于基质栽培和盆栽的滴灌系统，适于温室矮生地栽植物的喷嘴向上的喷灌系统或向下的倒悬式喷灌系统，以及适于工厂化育苗的悬挂式可往复移动的喷灌机（行走式洒水车）。

在土壤栽培时，作物根区土层下需铺设暗管，以利于排水。在基

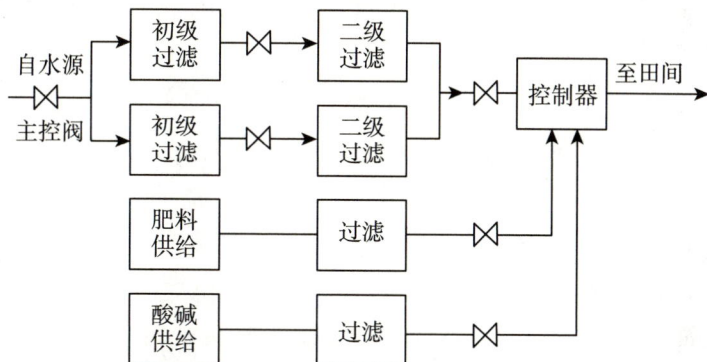

图 3-4　灌溉设施首部的典型布置

质栽培时，可采用肥水回收装置，将多余的肥水收集起来，重复利用或排放到温室外面。

在灌溉和施肥系统中，肥料均匀注入水中非常重要。目前采用的方法主要有文丘里注肥器法、水力驱动式肥料泵法和电驱动肥料泵法。

文丘里注肥器法是根据流体力学的文丘里原理设计而成，利用输水管某一部分截面变化而引发水速度变化，使管道内形成一定负压，将液体肥料带入水中，随水进行施肥。

水力驱动式肥料泵法是通过水流流过柱塞或转子，将液体肥料带入水中，注肥比率可以进行准确控制。

电驱动肥料泵法是通过电驱动肥料泵将液体肥料施入田间的方法。这种方法简便，运行可靠，在有电源的地方可以使用。

设施盆栽花卉多采用针式滴头施肥灌溉，在滴灌管线上每隔一定距离安置增压器，每个增压器最多可带动 50 个滴头，可有效改善滴灌效果。

8. 二氧化碳气肥系统。现代化温室因是相对封闭的环境，白天 CO_2 浓度低于外界，为增强温室设施花卉的光合作用，需进行 CO_2 气体施肥。施肥方法多采用 CO_2 发生器，将煤油或天然气等碳氢化合物通过充分燃烧产生 CO_2。通常 1L 煤油燃烧可产生 1.27 米^3 的 CO_2 气体。也可将 CO_2 的储气罐或储液罐安放在温室内，直接输送

CO_2 到温室中。为了控制 CO_2 浓度，需在室内安置 CO_2 气体分析仪等设备。

9. 补光系统。补光系统成本高，主要是弥补冬季或阴雨天光照不足，提高产品质量。所采用的光源灯具要求有防潮专业设计、使用寿命长、发光效率高、光输出量多。人工补光一般用白炽灯、日光灯、高压水银灯以及高压钠灯等。

10. 计算机环境测量和控制系统。计算机环境测控系统，是创造符合设施花卉生育要求的生态环境，从而获得高产、优质产品不可缺少的设施。调节和控制的气候目标参数包括温度、湿度、CO_2 浓度和光照等。针对不同的气候目标参数，宜采用不同的控制设备（表 3 - 1）。

表 3 - 1　温室气候的目标参数及其控制设备

目标参数	控制设备
温度	加温系统、通风系统、帘幕系统、喷淋/喷雾系统
湿度	加温系统、通风系统、降湿系统、喷淋/喷雾系统
CO_2 浓度	通风系统、CO_2 施用系统
光照	帘幕系统、人工照明

控制设备多种多样，按控制原理可分为和比例或比例加积分两种类型。无论是开关控制还是比例或比例加积分控制，都存在目标值和实际值之间的偏差，例如温室温度传感器的实测值，往往迟滞于温室内的实际温度值，所以国际上许多研究机构正在研究开发更加现代化的控制方法，如最优控制相适应式控制等。

11. 温室内常用作业机具。

（1）土壤和基质消毒机。温室使用时间长，连作多，有害生物容易在土壤中积累，影响花卉生长，致使病虫害发生严重。无土栽培的基质在生产和加工的过程中也常会携带各种病菌，因此采用适宜的消毒方法，消除土壤和基质中的有害生物十分必要。

土壤和基质的消毒方法主要有物理和化学两种。物理方法包括高温蒸汽消毒、热风消毒、太阳能消毒、微波消毒等，其中高温蒸汽消毒较为普遍。采用土壤和基质蒸汽消毒机消毒，在消毒之前，需将待消毒深度的土壤或基质疏松，用帆布或耐高温的厚塑料薄膜覆盖，四周密封，并将高温蒸汽输送管放置到覆盖物之下，每次消毒的面积同消毒机锅炉的能力有关，以 50 千克/（米^2·时）高温蒸汽的消毒效果较好。采用化学方法消毒时，土壤消毒机可使液体药剂直接注入土壤到达一定深度，并使其汽化和扩散。

（2）喷雾机械。在大型温室中，使用人力喷雾难以满足规模化生产需要，故需采用喷雾机械防治病虫害。荷兰温室多采用 Enbar LVM 型低容量喷雾机，可定时或全自动控制，无需人员在场，安全省力。每台机具 1 次可喷洒面积达 3 000～4 000 米^2，药液量为 2.5 升/时，运行时间约 45 分钟。为使药剂弥散均匀，需在每 1 000 米^2 的区域内安装 1 台空气循环风扇。

（三）性能

1. 温度。现代化智能温室有热效率高的加温系统，在最寒冷的冬春季节，不论晴天还是阴雪天气，都能保证设施花卉正常生长发育所需的温度，12 月至翌年 1 月，夜间最低温不低于 15℃，地温均能达到花卉生长要求的适温范围和持续时间。炎热夏季，采用外遮阳系统和湿帘降温系统，保证温室内达到花卉生长对温度的要求。

图 3-5　现代化智能温室蝴蝶兰生产

采用热水管道加温或热风加温，加热管道可按花卉生长区域合理布局，除固定的管道外，还有可移动升降的加温管道，因此温度分布均匀，花卉生长整齐一致，此种加温方式清洁、安全、没有烟尘或有害气体，不仅对花卉生长有利，也保证了生产管理人员的身体健康。因此，现代化温室可以完全摆脱自然气候的影响一年四季全天候进行设施花卉生产，具有高产、优质、高效的优点。但温室加温能耗很大，大大增加了成本。双层充气薄膜温室夜间保温能力优于玻璃温室，中空玻璃或中空聚碳酸酯板材（阳光板），导热系数最小，故保温能力最优，但价格也最高。

2. 光照。现代化温室全部由塑料薄膜、玻璃或塑料板材（PC 板等）透明覆盖物构成，采光好，透光率高，光照时间长，而且光照分布比较均匀。所以这种全光型的大型温室，即便在最冷的日照时间最短的冬季，仍然能正常生产。

双层充气薄膜温室由于采用双层充气膜，因此透光率较低，北方地区冬季室内光照较弱，对喜光的设施花卉生长不利。在温室内配备人工补光设备，可在光照不足时进行人工光源补光。

3. 湿度。现代化温室空间高大，花卉生长势强，代谢旺盛，叶面积指数高，通过蒸腾作用释放出大量水汽进入温室空间，在密闭情况下，水蒸气经常达到饱和，但现代化温室有完善的加温系统，可有效降低空气湿度，比日光温室因高湿环境给设施花卉生育带来的负面影响小。

夏季炎热高温时，现代化温室内有湿帘降温系统，使温室内温度降低，而且还能保持适宜的空气湿度，为设施花卉生育创造良好的生态环境。

4. 气体。现代化温室的 CO_2 浓度明显低于露地，不能满足设施花卉的需要，白天光合作用强时常发生 CO_2 亏缺。据上海测定，引进的荷兰温室中，白天 $10:00\sim16:00$ 时 CO_2 浓度仅有 0.024%，不同种植区有所差别，但总的趋势一致，所以须补充 CO_2，进行气体施肥。

5. 土壤。国内外现代化温室为解决温室土壤的连作障碍、土壤酸化、土传病害等一系列问题，普遍采用无土栽培技术。设施花卉生产，已少有土壤栽培，多用基质栽培，通过计算机自动控制，可以为不同设施花卉，在不同生育阶段，以及不同天气状况下，准确地提供设施花卉所需的大量营养元素及微量元素，为设施花卉根系创造良好的土壤营养及水分环境。

■ 日光温室

日光温室是我国特有的栽培设施，又称不加温温室，在山东寿光也称冬暖式大棚。大多以塑料薄膜为采光覆盖材料，热源主要依靠太阳辐射，采光屋面、墙体及后屋面、防寒沟等要最大限度地保温，充分利用光热资源，创造花卉生长的适宜环境。

（一）类型

日光温室的分类有多种形式，有按材料分类的，也有按结构分类的，还有按前、后屋面形状和尺寸分类的。生产中常用的日光温室类型主要有：

1. 短后屋面高后墙日光温室。这种温室跨度5～7米，后屋面面长1～1.5米，后墙高1.5～1.7米，作业方便，光照充足，保温性能较好。典型温室有：冀优Ⅱ型日光温室（图3-6）、潍坊改良型日光温室（图3-7）等。

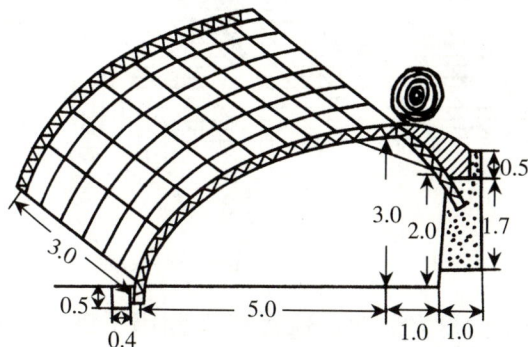

图3-6　冀优Ⅱ型日光温室（单位：米）

这种温室加大了前采光屋面，减小了后屋面，提高了中屋脊，透

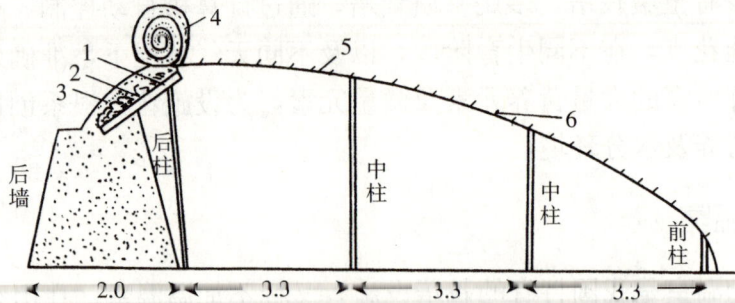

图 3-7　潍坊改良型日光温室（单位：米）

1. 水泥柱　2. 秸秆层　3. 草泥　4. 草苫　5. 拱架　6. 钢丝

光率、土地利用率明显提高，操作更加方便，是目前各地重点推广的改良型日光温室。

2. 琴弦式日光温室。跨度 7 米，后墙高 1.8～2.0 米，后屋面面长 1.2～1.5 米，每隔 3 米设一道钢管桁架，在桁架上按 40 厘米间距横拉 8 号铅丝固定于东西山墙，在铅丝上每隔 60 厘米设一道细竹竿做骨架，上面盖薄膜，在薄膜上面压细竹竿，并与骨架细竹竿用铁丝固定。该温室采光好，空间大，作业方便，起源于辽宁瓦房店市（图 3-8）。

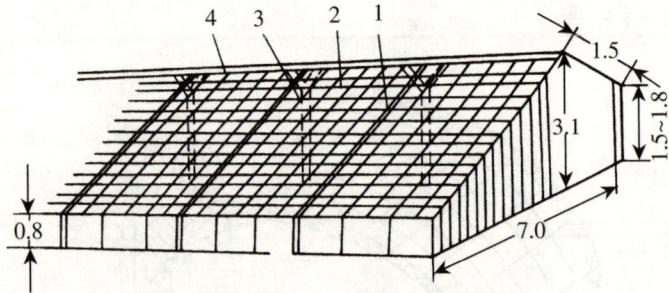

图 3-8　琴弦式日光温室（单位：米）

3. 钢竹混合结构日光温室。这种温室利用了以上几种温室的优点。跨度 6 米左右，每 3 米设一道钢拱杆，矢高 2.3 米左右，前屋面无支柱，设有加强桁架，结构坚固，光照充足，便于内保温（图 3-9）。

4. 全钢架无支柱日光温室。这种温室是山东寿光近几年最常用

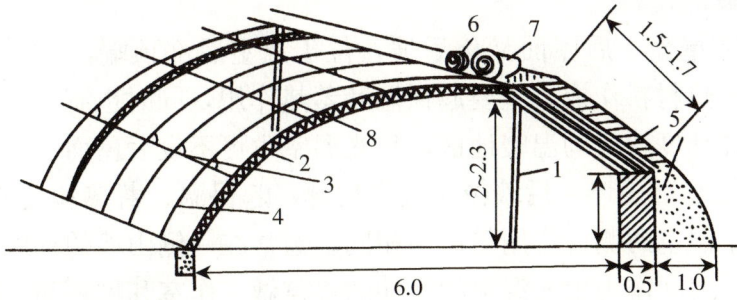

图 3-9　钢竹混合结构日光温室（单位：米）

1. 中柱　2. 钢架　3. 横向拉杆　4. 拱杆

5. 后墙后屋面　6. 纸被　7. 草苫　8. 吊柱

的高效节能型日光温室，跨度 6～8 米，矢高 3 米左右，后墙为空心砖墙，内填保温材料。钢筋骨架，有三道花梁横向接，拱架间距80～100 厘米。温室结构坚固耐用，采光好，通风方便，有利于内保温和室内作业，属于高效节能日光温室，代表类型有辽沈Ⅰ型、冀优Ⅱ型日光温室（图 3-10）。

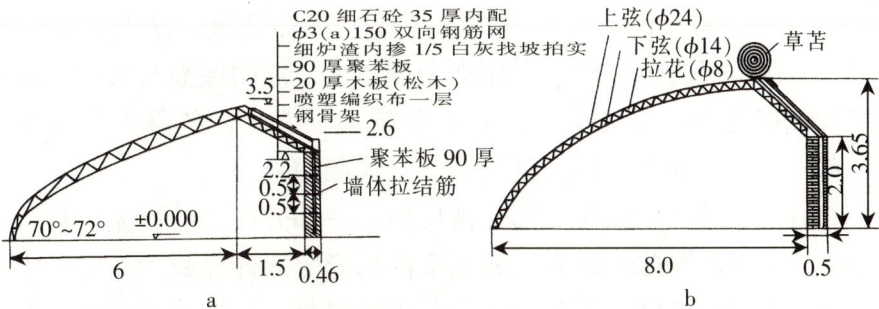

图 3-10　全钢架无支柱日光温室（单位：米）

a. 辽沈Ⅰ型日光温室　　b. 改进冀优Ⅱ型日光温室

（二）结构

1. 前屋面。 前屋面，又称前坡，由拱架和透明覆盖物组成的，主要起采光作用，为了加强冬季夜间保温，在傍晚至第二天早晨用保温覆盖物（如草苫）覆盖。前屋面的大小、角度、方位直接影响日光温室的采光效果。

2. 后屋面。 后屋面又称后坡，位于温室后部顶端，采用不透光的保温蓄热材料作成，主要起保温和蓄热作用，同时也有一定的支撑作用。在纬度较低的温暖地区，日光温室也可不设后屋面。

3. 后墙和山墙。 后墙位于温室后部，起保温、蓄热和支撑作用。山墙位于温室两侧，作用与后墙相同。通常在一侧山墙的外侧连接建造一个小房间作为出入温室的缓冲间，兼做工作室和贮藏间。除此之外，根据不同地区的气候特点和建筑材料的不同，日光温室还包括立柱、防寒沟等。立柱是在温室内起支撑作用的柱子，竹木温室因骨架结构强度低，必须设立柱；钢架结构因强度高，可视情况少设或不设立柱。防寒沟是在北方寒冷地区为减少土地传热而在温室四周挖掘的土沟，内填稻壳、树叶等隔热材料以加强保温效果。

（三）性能

日光温室的性能主要是指温室内的光照、温度、空气湿度等小气候，它既受外界环境条件的影响，也受温室本身结构的影响。

1. 光照。 日光温室光照强度主要受前屋面角度、透明屋面大小的影响。在一定的范围内，前屋面角度越大，透明屋面与太阳光线所成的入射角越小，透光率越高，光照越强。因此，冬季太阳高度角低，光照减弱。春季太阳高度角升高，光照增强。

太阳光通过前屋面时一部分被反射，一部分被透明覆盖材料（塑料薄膜）吸收，因此，进入日光温室内的光照比外界减少。实际生产中，塑料薄膜覆盖后由于灰尘污染、水滴附着、薄膜本身对光线的吸收、老化等原因，其透光率会很快下降。另外，日光温室的骨架遮阴，太阳光不可能总是垂直照射在透明屋面上而造成反射光损失，种种原因导致温室内的透光率甚至会低于自然光照度的50%。因此，温室内光照不足往往成为冬季喜光花卉生产的限制因子。

日光温室内光照强度的日变化有一定的规律。室内光照强度的变化与室外自然光日变化一致。早晨揭苫后，光照强度随室外界自然光照度的增加而增加，11时前后达到最大，此后逐渐下降，至盖苫时最低。一般晴天室内光照度日变化明显；阴天则会因云层厚薄而不同。

冬季，因保温需要，保温覆盖物晚揭早盖，缩短了日光温室内的光照时数；连阴雨雪天气、或大风天气，由于不能揭开草苫也大大缩短了光照时数。进入春季后，光照时数逐渐增加。如辽宁南部的冬季，12月每天光照时数约6.5小时，1月为6～7小时，2月约9小时，3月约10小时，4月约13.5小时。

日光温室光照分布有明显的水平差异和垂直差异。一般日光温室的北侧光照较弱，南侧较强；温室上部靠近透明覆盖物处光照较强，自上向下逐渐减弱；东西山墙，午前和午后分别出现三角弱光区，午前出现在东侧，午后出现在西侧。此外，骨架遮阴处光照弱，无遮阴处光照较强。

塑料薄膜对紫外线的透过率比较高，有利于植株健壮生长，也促进花青素和维生素C合成，因此花朵颜色鲜艳，外观品质好。但不同种类的薄膜光质有差异，PE薄膜的紫外线透过率高于PVC薄膜。

2. 温度。日光温室内气温的日变化与外界基本相同，白天气温高，夜间气温低。通常在早春、晚秋及冬季的日光温室内，晴天最低气温出现在揭苫后0.5小时左右，此后温度开始上升，上午每小时平均升温5～6℃；中午12时左右气温达到最高。14时后气温开始下降，从14时到16时，平均每小时降温4～5℃，盖草苫后气温下降缓慢，从16时到第2天8时降温5～7℃。阴天室内的昼夜温差较小，一般只有3～5℃，晴天室内昼夜温差明显大于阴天。

日光温室内气温存在明显的水平差异和垂直差异。从气温水平分布上看，白天南部高于北部，夜间北部高于南部。夜间东西两山墙根部和近门口处，前底角处气温最低。从气温垂直分布来看，在密闭不通风情况下，气温随室内高度增加而增加。中柱前距地面1米处，向前至前屋面薄膜，向前约1.5米区域为高温区。一般水平温差为3～4℃，垂直温差为2～3℃。

日光温室内的地温虽然也存在着明显的日变化和季节变化，但与气温相比，地温比较稳定。从地温的分布看，温室周围的地温低于中部地温，而且地表的温度变化大于地中温度变化，随着土层深度的增加，地温的变化越来越小。地温变化滞后于气温，相差 2~3 小时。晴天白天浅层地温最高，随着深度递增而递减，夜间以 10 厘米处地温最高，由此向上向下递减。阴天时，深层土壤热量向上传导，深层地温高于浅层地温。

3. 湿度。空气湿度大，日变化剧烈。白天，室内温度高，空气相对湿度通常为 60%~70%，夜间温度下降，相对湿度升高，可达到 100%。阴天因气温低，空气相对湿度经常接近饱和或处于饱和结露状态。

日光温室局部空气湿度差异大于露地，这与温室容积有关。容积越大湿差越小，日变化也越小；容积越小，湿差越大，日变化也越大。由于空气相对湿度高，温室内不同部位空气温度也不同，导致作物表面发生结露，覆盖物及骨架结构凝水，室内产生雾霭，造成作物沾湿，容易引发多种病害。

日光温室内土壤湿度在每次浇水后升高到最大值，之后因地表蒸发和植物蒸腾作用，土壤湿度逐渐下降。至下次浇水之前土壤湿度降至最低值。由于日光温室土壤靠人工灌溉，不受降雨影响，因此土壤湿度变化相对较小。

4. 气体条件。日光温室内气体条件变化，表现在密闭条件下 CO_2 浓度过低造成作物 CO_2 饥饿，同时也存在 NH_3、NO_2、SO_2、C_2H_4 等有害气体积累，因此，需要经常通风换气，一方面补充 CO_2，另一方面排放积累的有毒有害气体，必要时可进行人工增施 CO_2 气肥。

5. 土壤环境。日光温室内的土壤与露地土壤有较大差别，室内温度和湿度较露地高，土壤中微生物活动旺盛，使土壤养分和有机质分解加快。土壤由于被覆盖而免受雨水淋洗和冲刷，肥料损失小，利用率高。

日光温室由于连年耕作，易造成连作障碍，主要表现在盐分浓度过高引起土壤理化性状变差、土壤有害微生物积累造成的病害发生严重以及栽培作物的自毒作用。

塑料大棚

塑料大棚是用塑料薄膜覆盖的一种大型拱棚。通常把不用砖石结构围护，以竹、木、水泥柱或钢材等做骨架，上面覆塑料薄膜的大型保护地栽培设施称为塑料大棚。它和温室相比，具有结构简单、建造和拆装方便、一次性投资较少等优点；与塑料中、小棚相比，又具有坚固耐用、使用寿命长、棚体空间大、作业方便及有利作物生长、便于环境调控等优点。

（一）类型

目前生产中应用的塑料大棚，按棚顶形状可以分为拱圆形和屋脊形，我国绝大多数为拱圆形。按骨架材料则可分为竹木结构、钢架混凝土柱结构、钢架结构、钢竹混合结构等。按连接方式又可分为单栋大棚、双连栋大棚和多连栋大棚（图3-11）。

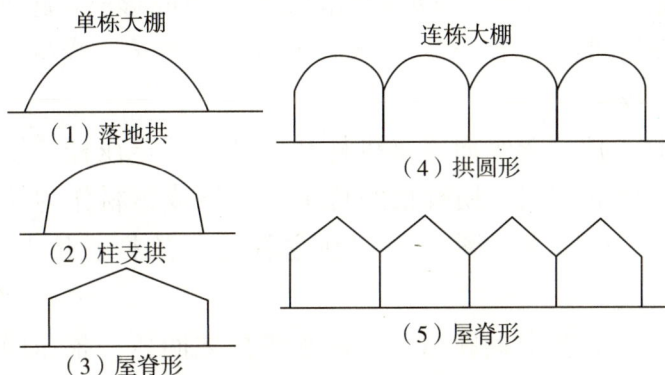

图3-11 塑料薄膜大棚的类型

（二）结构

塑料大棚最基本的骨架由立柱、拱杆（拱架）、拉杆（纵梁）、压杆（压膜线）等部件构成，俗称"三杆一柱"（图3-12），其他形式都是在此基础上演化而来的。通常在棚的一端或两端设立棚门，便于出入。

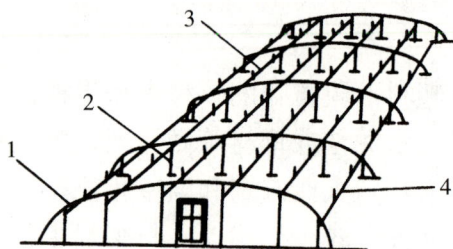

图 3-12　塑料大棚骨架
1. 拱杆　2. 立柱　3. 拉杆　4. 吊柱

1. 立柱。立柱是塑料大棚的主要支柱，承受棚架、棚膜的重量以及雨、雪负荷和受风压的作用。立柱要垂直，或倾向于引力。立柱可采用竹竿、木柱、钢筋水泥混凝土等材料，埋置的深度要在40～50厘米。

2. 拱杆（拱架）。拱杆是大棚的骨架，横向固定在立柱上，两端插入地下，呈自然拱形，决定大棚的形状和空间形成，起支撑棚膜的作用。拱杆的间距为1.0～1.2米，由竹片、竹竿、或钢材、钢管等材料焊接而成。

3. 拉杆。拉杆起纵向连接拱杆和立柱、固定压杆、使大棚骨架成为一个整体的作用。用较粗的竹竿、木杆或钢材作为拉杆，距立柱顶端30～40厘米，紧密固定在立柱上，拉杆长度与棚体长度一致。

4. 压膜线。扣上棚膜后，于两根拱杆之间压一根压膜线，使棚膜绷平压紧，压膜线的两端，固定在大棚两侧的"地锚"上。

5. 棚膜。覆盖在棚架上的塑料薄膜。棚膜可采用0.1～0.12毫米厚的聚氯乙烯（PVC）或聚乙烯（PE）薄膜以及0.08～0.1毫米的醋酸乙烯（EVA）薄膜，这些是专用于覆盖塑料薄膜大棚的棚膜，其耐候性及其他性能均与非棚膜有一定差别。除了普通的聚氯乙烯和聚乙烯薄膜外，目前生产上多使用无滴膜、长寿膜、耐低温防老化膜等多功能膜作为覆盖材料。

6. 门窗。门设在大棚的两端，作为出路口，门的大小要考虑作业方便，太小不利进出，太大不利保温。大棚顶部可设天窗，两侧设进气侧窗，作为通风口。

此外，大棚骨架的不同构件之间均需连接，竹木大棚需用线绳和铁丝等连接，装配式大棚均用专门预制的卡具连接，包括套管、卡槽、卡子、承插螺钉、接头、弹簧等。

（三）构型

根据使用材料和结构特点的不同，目前我国使用的塑料大棚主要有以下几种构型：

1. 竹木结构大棚。目前我国北方广为应用，是大棚初期的一种类型，一般跨度为 8～12 米，长度 40～60 米，中脊高 2.4～2.6 米，两侧肩高 1.1～1.3 米。有 4～6 排立柱，横向柱间距 2～3 米，柱顶用竹竿连成拱架；纵向间距为 1～1.2 米。其优点是取材方便，造价较低，且容易建造；缺点是棚内立柱多，遮光严重，作业不方便，立柱基部易朽，抗风雪能力较差等。为减少棚内立柱，建造了悬梁吊柱式竹木结构大棚，即在拉杆上设置小吊柱，用小吊柱代替部分立柱。小吊柱用 20 厘米长、4 厘米粗的木杆，两端钻孔，穿过细铁丝，下端拧在拉杆上，上端支撑拱杆。

2. 混合结构大棚。棚型与竹木结构大棚相同，使用的材料有竹木、钢材、水泥构件等多种。一般拱杆和拉杆多采用竹木材料，而立柱采用水泥柱。混合结构的大棚较竹木结构大棚坚固、耐久、抗风雪能力强。

3. 钢架结构大棚。一般跨度为 10～15 米，高度 2.5～3.0 米，长度 30～60 米。拱架是用钢筋、钢管或两者结合焊接而成的弦形平面桁架。平面桁架上弦用 16 毫米钢筋或 25 毫米的钢管制成，下弦用 12 毫米钢筋，腹杆用 6～9 毫米钢筋，两弦间距 25 厘米。制作时先按设计在平台上做成模具，然后在平台上将上、下弦按模具弯成所需的拱形，然后焊接中间的腹杆。拱架上覆盖塑料薄膜，拉紧后用压膜线固定。这种大棚造价较高，但无立柱或少立柱，室内宽敞，透光好，作业方便（图 3 - 13）。

图 3-13　钢架大棚

1. 纵梁　2. 钢筋桁架拱梁　3. 水泥基座　4. 塑料薄膜　5. 压膜线

4. 装配式钢管结构大棚。由工厂按照标准规格生产的组装式大棚，大多采用薄壁热浸镀锌钢管为骨架建造而成。具有重量轻、强度高、耐锈蚀、易于安装、天柱、采光好、作业方便等优点，同时其结构规范标准，可大批量工厂化生产。GP 系列塑料大棚骨架采用内外壁热浸镀锌钢管制成；使用寿命 10～15 年。以 GP-Y8-1 型大棚（图 3-14）为代表，跨度 8 米，高度 3 米，长度 42 米。拱架以 1.25 毫

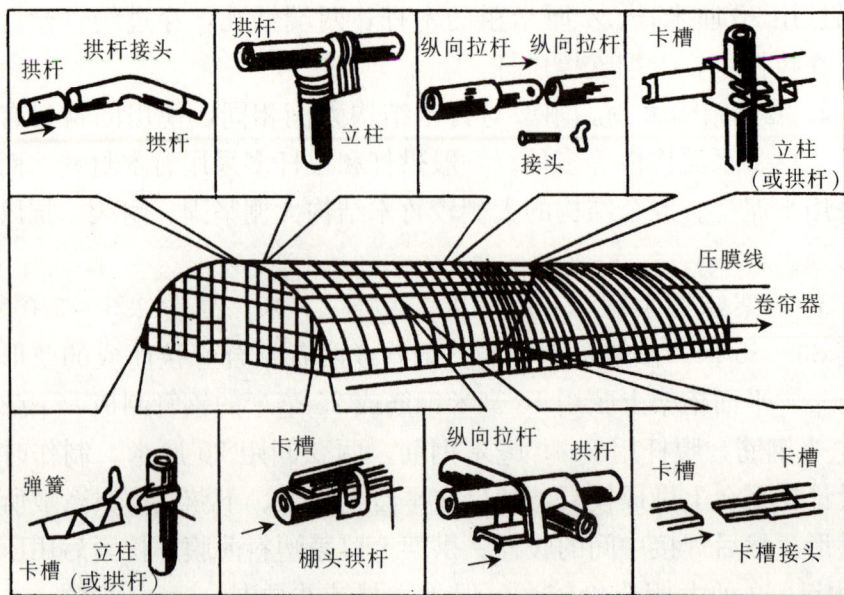

图 3-14　GP-Y8-1 型大棚

米薄壁镀锌钢管制成；纵向拉杆用卡具与拱架连接；薄膜采用卡槽及蛇形钢丝弹簧固定，还加压膜线辅助固定薄膜；两侧还附有手摇式卷帘器。

（四）性能

1. 温度。塑料大棚内温度存在着明显的季节性变化，气温的日变化与外界基本相同，即白天气温高，夜间气温低。日出后1～2小时棚温迅速升高，7～10时气温回升最快，每日最高温出现在12～13时。早春低温时期，通常棚温只比露地高3～6℃，阴天时的增温值仅2℃左右。

塑料大棚内不同部位的温度状况有差异。上午东侧温度较西侧高；中午高温区出现在棚的上部和南端；下午高温区又出现在棚的西部。大棚内垂直方向上的温度分布也不相同，白天棚顶部的温度高于底部3～4℃，夜间正相反。大棚四周接近棚边缘位置的温度，在一天之内均比中央部分要低。

塑料大棚内地温虽然也存在着明显的日变化和季节变化，但与气温相比，地温比较稳定，且地温的变化滞后于气温变化。

2. 湿度。在密闭的情况下，塑料大棚内空气相对湿度的一般变化规律是：棚温升高，相对湿度降低；棚温降低，相对湿度升高。晴天、风天时相对湿度降低；阴天、雨（雪）天时相对湿度增大。棚内空气相对湿度也存在着季节变化和日变化。一年中大棚内空气相对湿度以早春和晚秋最高，夏季由于温度高和大棚的通风换气，空气湿度较低。一天中日出前棚内湿度高达100%，随着日出逐渐下降，12～13时湿度最低，随后又逐渐升高，午夜可达到100%。

3. 光照度。大棚内光照状况与天气、季节及昼夜变化、方位、结构、建筑材料、覆盖方式、薄膜洁净和老化程度等因素有关。

不同季节太阳高度不同，大棚内的光照度和透光率也有所不同。一般南北延长的大棚，其光照度由冬到春到夏的变化是不断加强的，透光率也不断提高，而随着季节由夏到秋到冬，其光照度则不断减弱，透光率也降低。

大棚内光照存在着垂直变化和水平变化。从垂直方向看，越接近地面，光照度越弱；越接近棚面，光照度越强。从水平方向看，南北延长的大棚棚内的水平照度比较均匀，水平光差一般只有1％左右。但是东西向延长的大棚不如南北延长的大棚光照均匀。

2 露地生产设施

■ 风障

风障是我国北方地区常用的简易保护设施之一，可用于耐寒的二年生花卉越冬，或一年生花卉露地栽种。也可对新栽植的花卉植物设置风障，借以提高移栽成活率。

（一）结构

风障主要由基埂、篱笆、披风三部分组成（图3-15），按照篱笆高度的不同可以分为小风障和大风障两种，大风障又有完全风障和简易风障两种。篱笆是风障的主要部分，一般高2.5~3.5米，通常用芦苇、高粱秆、玉米秸、细竹等材料制成，以芦苇最好。小风障结构简单，篱笆由较矮的作物秸秆如稻草、谷草，并以竹竿或芦苇夹设而成，防风效果较差。

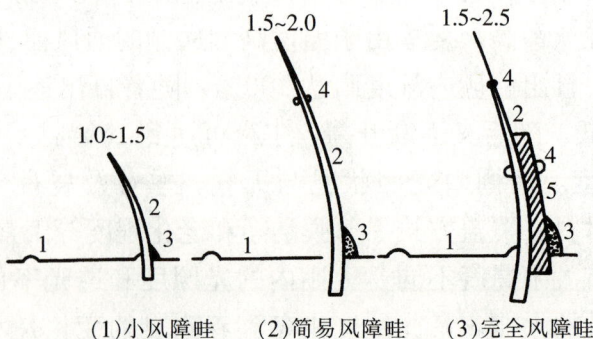

(1)小风障畦　　(2)简易风障畦　　(3)完全风障畦

图3-15　风　障

1. 栽培畦　2. 篱笆　3. 土背　4. 横腰　5. 披风

完全风障由篱笆、披风和土背三部分构成，高 1.5～2.5 米，篱笆由玉米秸、高粱秸、芦苇或竹竿等夹设而成；披风由稻草、谷草、草包片、苇席或旧塑料薄膜等围于篱笆的中下部，基部用土培成 30 厘米高的土背，防风增温效果明显优于小风障。

简易风障又称迎风风障，只设置一排高度为 1.5～2.0 米篱笆，不设披风，篱笆密度也较小，前后可以透视，防风增温效果较完全风障差。

（二）设置

在地面东西向挖约 30 厘米的长沟，栽入篱笆，向南倾斜，与地面呈 75°～80°，填土压实，在距地面 1.8 米左右处扎一横杆，形成篱笆。基埂是风障北侧基部培起来的土埂，通常高约 20 厘米，既固定篱笆，又能增强保温效果。披风是附在篱笆北面的柴草层，用来增强防风与保温功能。披风材料常以稻草、玉米秸为宜，其基部与篱笆基部一并埋入土中，中部用横杆缚于篱笆上，高度 1.3～1.7 米。两风障间的距离以其高度的 2 倍为宜。由多个风障组成风障区，一般在风障区的东、南、西三面设围篱，其防护功能更强。

（三）性能

风障可降低风速，使风障前近地层的气流比较稳定，一般能使风速降低 4 米/秒，风速越大，防风效果越明显。风障能充分利用太阳辐射能，提升风障前附近的地表温度和气温，并能比较容易地保持风障前的温度，一般风障南面夜间温度比开阔地高 2～3℃，白天高 5～6℃。在有风晴天增温效果最显著，无风晴天次之，阴天不显著，距风障越近，温度越高。风障还有减少水分蒸发和降低相对湿度的作用，从而改善植物的生长环境。

■ 冷床

冷床又称阳畦，由风障畦演变而成，即由风障畦的畦埂加高增厚成为畦框，并在畦面上增加采光和保温覆盖物，是一种白天利用太阳光增温，夜间利用风障、畦框、覆盖物保温防寒的园艺设施。改良阳畦是在阳畦的基础上发展而成的，畦框改为土墙（后墙和山墙）并增加后屋面的厚度，以加强其防寒保温效果。这类设施在花卉栽培种是最常用的。

（一）结构

由风障、畦框、透明覆盖物和不透明覆盖物等组成。

1. 风障。大多采用完全风障，但又有直立风障（用于槽子畦）和倾斜风障（用于抢阳畦）两种形式，其结构与完全风障基本相同。

2. 畦框。用土或砖砌成，分为南北两框及东西两框，其尺寸规格根据阳畦的类型不同而有所区别。

3. 透明覆盖物。主要有玻璃窗和塑料薄膜等，玻璃窗的长度与畦的宽度相等，窗宽60～100厘米，玻璃镶入木制窗框内，或用木条做支架覆盖散玻璃片。现在生产上多采用竹竿在畦面上做支架，然后覆盖塑料薄膜的形式，又称为"薄膜阳畦"。

4. 不透明覆盖物。冷床的防寒保温材料，大多采用草苫或蒲席覆盖。

（二）类型

1. 普通冷床。由畦框、风障、玻璃（薄膜）窗、覆盖物（蒲席、草苫）等组成。由于各地的气候条件、材料资源、技术水平及栽培方式不同，而产生了槽子畦和抢阳畦等类型。槽子畦南北两框接近等高，四框做成后近似槽形；抢阳畦北框高于南框，东西两框成坡形，四框做成后向南呈坡面（图3-16）。

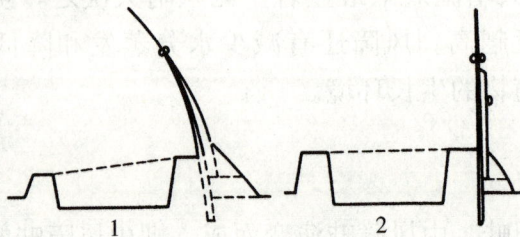

图3-16　普通冷床
1. 抢阳畦　2. 槽子畦

2. 改良阳畦。 又称小暖窖、立壕子等。提高北畦框高度或砌成土墙，加大覆盖面斜角，形成拱圆状小暖窖，较普通冷床具有较大的空间和良好的采光和保温性能（图 3 - 17）。

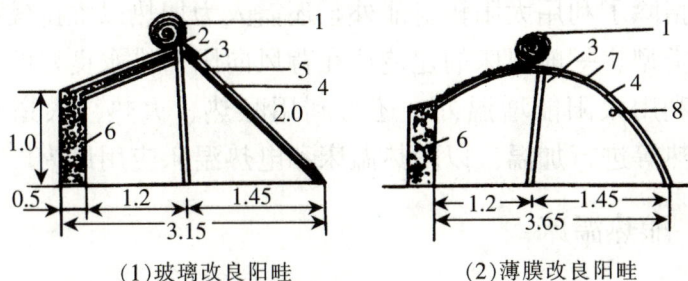

(1)玻璃改良阳畦   (2)薄膜改良阳畦

图 3 - 17 改良阳畦（单位：米）

1. 草苫 2. 土顶 3. 柁、檩、柱 4. 薄膜 5. 窗框 6. 土墙 7. 拱杆 8. 横杆

（三）设置

每年秋末开始施工，最晚在土壤封冻以前完工，翌年夏季拆除。选择地势高燥、背风向阳、土壤质地好、水源充足的地方，并且要求周围无高大建筑物等遮阴。

冷床的方位以东西向延长为好，数量少、面积小时，可以建在温室前，这样既有利于防风，也便于与温室配合使用。庭院建造冷床可利用南向空地，但面积较大，数量较多时，通常自北向南成行排列，两排冷床的距离，以 5～7 米为宜，避免前后遮阴。阳畦群周围最好设置围障，以减少风的影响。

（四）性能

冷床内的热量主要来源于太阳，受季节和天气的影响很大，同时冷床存在着局部温差。晴天床内温度较高；阴雪天气，床内温度较低。床内昼夜温差也比较大，可达 10～20℃。由于床内各部位由于接受的光量不匀，形成局部温差。通常床内南半部和东西部温度较低，北半部温度较高。阳畦内的温度分布不均衡，常造成植物生长不整齐。

改良阳畦是由冷床改良而来，具有日光温室的基本结构，其采光和保温性能明显优于普通冷床，但又远不及日光温室。

温床

温床指除了利用太阳辐射能外，还需人为加热以维持较高温度的保护设施类型。一般温床的建造选在背风向阳，排水良好的地方。温床热源除利用太阳能增温外，还可利用酿热、火热（火道）、水暖、地热和电热等进行加温。以酿热温床和电热温床应用最为广泛。

（一）酿热温床

酿热温床是在冷床的基础上，在床下铺设酿热物来提高床内的温度，畦框结构和覆盖物与冷床一样，温床的大小和深度根据其用途而定，一般床长 10～15 米、宽 1.5～2 米，并且在床底部挖成鱼脊形（图 3-18），使得温度均匀。

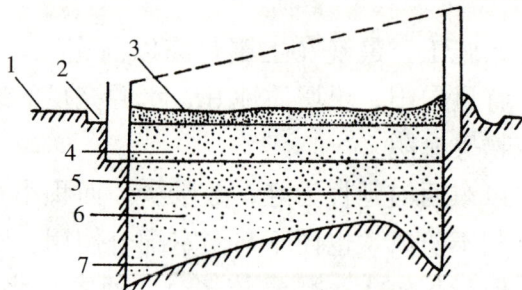

图 3-18　酿热温床的结构

1. 地平面　2. 排水沟　3. 床土　4. 第三层酿热物
5. 第二层酿热物　6. 第一层酿热物　7. 干草层

1. 床框。有土、砖、木等结构，以土框为主。床框宽约 1.5 米，长 4 米，前框高 15～20 厘米，后框高 25～30 厘米。

2. 床坑。有地下、半地下和地上三种形式，以半地下为主。床坑大小与床框一致，深度依温度要求和酿热物填充量来定。为使床内温度均匀，床坑一般是中部浅，填入酿热物少；四周深，填入酿热物较多。

3. 覆盖材料。温床床顶加以玻璃或塑料薄膜呈一斜面，用以覆盖床面，利于阳光射入，增加床内温度。

4. 酿热物。酿热温床的发酵物根据其发酵速度快慢可分为两类，发热快的有马粪、鸡粪、油饼等，发热慢的有稻草、落叶、有机垃圾等。发酵快的发热持续时间短，发酵慢的发热持续时间长，因此在实际应用中，可将两类酿热物配合使用效果较佳。

酿热温床虽具有发热容易，操作简单等优点，但是发热时间短，热量有限，温度前期高后期低，而且不宜调节，不能满足现在发展的要求，其使用正在减少。

（二）电热温床

电热温床是利用电流通过电热线产生热能，以提高床内温度的温床。电热温床由于用土壤电热线加温，因而具有升温快、地温高、温度均匀等优点，并通过控温仪实现床温的自动控制。

电热温床与发酵热温床结构相似，但床坑内的结构有所不同，自下而上可分为三层（图 3－19）。

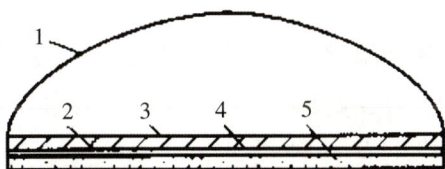

图 3－19　电热温床剖面结构
1. 薄膜　2. 电热线　3. 床土　4. 散热层　5. 隔热层

1. 隔热层。在最底层铺 1 层炉渣、作物秸秆等阻止热量向土壤深层传递，以节省电能。

2. 散热层。隔热层上先铺 3 厘米左右的沙子或床土，布好电热线，再铺 3 厘米左右的沙子，适当镇压。

3. 床土。在散热层上铺播种床土进行播种。也可以不铺床土，直接把播种箱、育苗穴盘等直接放在铺有电热线的散热层上。

电热加温设备主要由电热加温线、控（测）温仪、继电器（交流接触器）、电闸盒、配电盘（箱）等组成。

电热温床主要用于冬春季花卉的育苗和扦插繁殖。由于其具有增温性能好、温度可精确控制和管理方便等优点，现在生产上已广泛推广应用。

■ 荫棚

荫棚指用于遮阴栽培的设施，常用于夏季花卉栽培的遮阴降温。荫棚形式多样，大致可分为永久性和临时性两类。永久性荫棚多设于温室近旁，用于温室花卉的夏季遮阴；临时性荫棚多用于露地繁殖床和切花栽培。在江南地区栽培杜鹃、兰花等喜阴植物时，也常设永久性荫棚（图 3-20）。另外，荫棚还分为生产荫棚和展览荫棚。

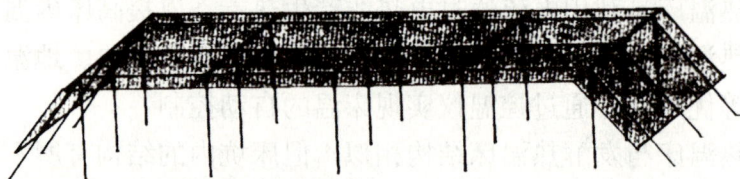

图 3-20　永久性荫棚结构

永久性荫棚多设于温室近旁不积水又通风良好处。一般高 2~3 米，由钢管或水泥柱构成，棚架过去多覆盖苇帘、竹帘等，现多采用遮阳网，遮光率视栽培花卉种类的需要而定。有的地方用葡萄、凌霄、蔷薇、蛇葡萄等攀援植物做遮阴材料，这样既实用又有自然情趣，但需经常管理，以调整遮光率。为避免上、下午阳光从东或西面透入，在荫棚东西两端设倾斜的荫帘，荫帘下缘要距地表 50 厘米以上，以利通风。荫棚宽度一般为 6~7 米，过窄遮阴效果不佳。盆花应置于花架或倒扣的花盆上，若放置于地面上，应铺以陶粒、炉渣或粗沙，以利排水，下雨时亦可免除污水溅污枝叶及花盆。

临时性荫棚较低矮，一般高度为 50~100 厘米，上覆遮阳网，可覆 2~3 层，也可根据生产需要，逐渐减至 1 层，直至全部除去，以增加光照，促进植物生长发育。

■ 地窖

地窖又称冷窖，是冬季防寒越冬的临时性保护场所，在我国北方地区应用较多。地窖具有保温性能较好，建造简便易行的特点。常用于不能露地越冬的宿根、球根、水生及木本花卉等的保护越冬。地窖通常深1～1.5米，宽约2米，长度根据越冬植物的数量而定。地窖的最低温度应高于0℃，11月初即可入窖。

地窖应设于避风向阳、光照充足、土层深厚、地下水位较低处。地窖根据其与地表的相对位置不同，可分为地下式和半地下式两类。地下式窖体位于地面以下，仅窖顶在地面以上；半地下式，窖顶高出地面。地下式保温性能较好，但窖内高度较低，管理不便，通常建成死窖；半地下式窖内高度较高，常设门，管理方便，通常建成活窖。

窖顶的形式有三种，即人字式、平顶式和单坡式。人字式和单坡式地窖窖内高度较高，管理较为方便，多设有出入口；平顶式多不设门（图3-21）。

人字形　　　　平顶式　　　　单坡式

图3-21　地窖窖顶形式

窖顶通常用木料做支架，上覆高粱秆或玉米秸、稻草等，厚度10～15厘米，再覆土封顶。初入窖时天气尚暖，为防止窖内闷热，可先不覆盖窖顶，随气温降低，逐渐封顶。开始覆土宜薄，随气温降低，逐渐加厚。大雪后及时清扫。植物出入窖前均应进行锻炼，以免造成伤害。

参 考文献

刘燕 . 2006. 园林花卉学 . 北京：中国林业出版社 .

岳桦 . 2006. 园林花卉 . 北京：高等教育出版社 .

张彦萍 . 2009. 设施园艺 . 2版 . 北京：中国农业出版社 .

1. 日光温室的主要类型有哪些？各有何特点？
2. 怎样设置风障？
3. 利用栽培设施进行花卉生产有什么意义？
4. 温室花卉栽培有哪些生产设施和相应的设备？

技能训练指导

一、实地观察、调研现代化智能温室

（一）目的和要求

了解当地现代化智能温室的主要类型，分析其优缺点，根据所生产的花卉种类提出改造方案。掌握现代化智能温室的使用技术。

（二）实训方法

参观当地现代化智能温室，了解其结构、性能作用。观察、调研当地现代化智能温室的应用状况，分析应用的优缺点，记录当地现代化智能温室的结构、参数。如有不恰当的地方可提出改造方案。通过调研现代化智能温室的性能作用，要实地实践现代化智能温室使用技术。

（三）实训报告

（1）写出现代化智能温室调查报告。
（2）绘制所观察的现代化智能温室结构示意图。
（3）对所观察的现代化智能温室的应用作出综合分析评价。

二、实地观察、调研日光温室

（一）目的和要求

了解当地日光温室的主要类型，分析其优缺点，根据所生产的花

卉种类提出改造方案。掌握日光温室的使用技术。

（二）实训方法

参观当地日光温室，了解其结构、性能作用。观察、调研当地日光温室的应用状况，分析应用的优缺点。通过调研日光温室的性能作用，要实地实践日光温室使用技术。

（三）实训报告

（1）写出日光温室调查报告。
（2）绘制所观察的日光温室结构示意图。
（3）对所观察的日光温室应用作出综合分析评价。

三、实地观察、调研塑料大棚

（一）目的和要求

了解当地塑料大棚的主要类型，分析其优缺点，根据所生产的花卉种类提出改造方案。掌握塑料大棚的使用技术。

（二）实训方法

参观当地塑料大棚，了解其结构、性能作用。观察、调研当地塑料大棚的应用状况，分析应用的优缺点。通过调研塑料大棚的性能作用，要实地实践塑料大棚使用技术。

（三）实训报告

（1）写出塑料大棚调查报告。
（2）绘制所观察的塑料大棚结构示意图。
（3）对所观察的塑料大棚应用作出综合分析评价。

学习
笔记

花卉繁殖与育苗技术

1 花卉快速繁殖技术

植物组织培养技术是在植物生理学的基础上发展起来的一项植物生物技术，是运用工程学原理，在无菌条件下，利用人工培养基对植物的器官、组织、细胞和原生质体进行培养，生产植物产品，为人类生产和生活服务的一门综合性技术，也是现代生物技术的核心技术之一。

在植物组织培养技术基础上发展起来的快速繁殖技术（也称试管苗工厂化生产）特别适用于园艺植物的苗木繁殖，对控制苗木病毒、提高产量和品质、降低成本以及减少传统农业所造成的环境污染等都具有重要意义。大力推广植物组培快繁技术是我国农业高新技术的重点发展目标之一，因此近年来在农业上的应用发展十分迅速，取得了巨大的经济效益和社会效益。

■ 花卉快速繁殖流程

```
                    ┌─────────────────┐
              ┌────→│  培养器皿的洗涤  │
              │     └────────┬────────┘
              │              ↓
              │     ┌─────────────────────┐
              │ ┌──→│ 培养基的配制与高压灭菌 │──┐
              │ │   └─────────────────────┘  │
              │ │        ↓                    ↓
              │ │ ┌────────────────────┐ ┌──────────────┐
              │ │ │ 外植体的表面灭菌与接种 │ │ 试管苗继代培养 │
              │ │ └────────┬───────────┘ └──────┬───────┘
              │ │          ↓                    ↓
              │ │ ┌──────────────┐      ┌──────────────┐
              └─┼→│ 试管苗初代培养 │      │ 壮苗生根培养  │
                │ └──────────────┘      └──────┬───────┘
                │                              ↓
                │                       ┌──────────────┐
                │                       │ 试管苗驯化与移栽 │
                │                       └──────┬───────┘
                │                              ↓
                │                       ┌──────────────┐
                │                       │   苗期管理    │
                │                       └──────────────┘
```

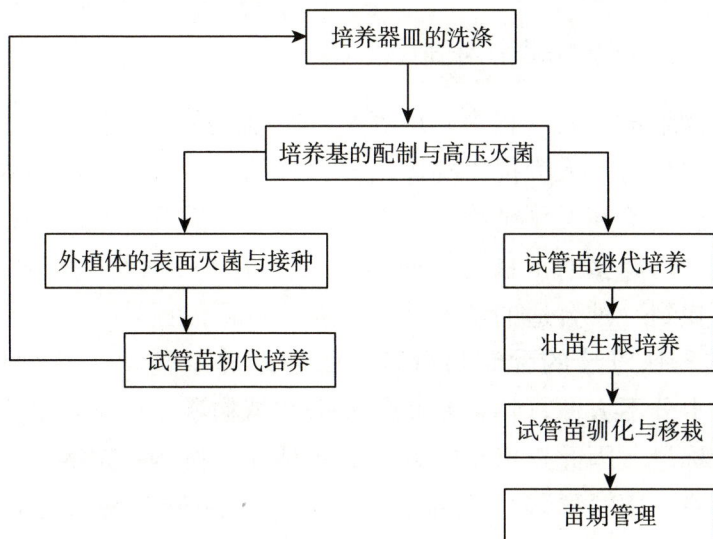

图 4-1　花卉快速繁殖的流程

■ 花卉快速繁殖程序

（一）培养器皿的洗涤

植物组培快繁除了要对培养材料和接种用具进行严格消毒外，各种用具更要求洗涤清洁，因为各种灭菌方法的有效作用时间都是以材料或用具清洁为前提的。各类器皿和用具的洗涤方法如下：

1. 新的玻璃器皿。使用前先用 1% 稀盐酸浸泡 12～24 小时→用毛刷蘸洗衣粉水刷洗干净→流水冲洗 3～4 次→用蒸馏水冲淋 1 遍→晾干（或烘干）后备用。

2. 已用过的培养器皿。除去容器内的残渣→自来水冲洗→浸泡在洗衣粉水中 15～30 分钟→用毛刷刷洗干净→流水冲洗 3～4 次→用蒸馏水冲淋 1 遍→晾干（或烘干）后备用。

3. 已被霉菌等杂菌污染的器皿。121℃高温高压蒸汽灭菌 30 分钟→趁热倒去残渣→自来水冲洗→浸泡在洗衣粉水中 15～30 分钟→用毛刷刷洗干净→流水冲洗 3～4 次→用蒸馏水冲淋 1 遍→晾干（或烘干）后备用。

（二）培养基的配制与高压灭菌

在植物组培快繁过程中，培养基的配制是一项最基本的工作。配制培养基的目的是人为提供离体培养材料的营养源。配制不同的培养基，是为满足不同类型植物材料对营养的不同需要。没有一种培养基能够适合一切类型的植物组织或器官，在建立一项新的培养系统时，首先必须找到一种合适的培养基，培养才有可能成功。

1. 培养基母液的配制与保存。每种培养基需要十几种化合物，配制起来十分不方便，特别是微量元素和植物激素的用量极少，很难达到精确称量。因此，可将配方中的各种元素按照一定的方式，配成一些浓缩液，用时稀释，这种浓缩液就是浓缩储备液（简称母液）。因此，母液配制一方面可以方便快速配制培养基，提高了工作效率；另一方面也可以保证各物质成分的准确性，提高了实验的精度。

（1）MS培养基母液的配制。①大量元素母液。配成浓缩10倍的母液。用感量0.01克托盘天平按表4-1称取药品，分别加入100毫升左右蒸馏水中，再用磁力搅拌器搅拌促进溶解，然后倒入1 000毫升容量瓶中，再加水定容至刻度，成为10倍母液。注意Ca^{2+}和SO_4^{-2}、PO_4^{-3}易发生沉淀，因此$CaCl_2 \cdot 2H_2O$充分溶解后最后加入。②微量元素母液。配成浓缩100倍的母液。用感量0.000 1克分析天平按表4-1准确称取药品后，分别溶解，混合后加水定容至1 000毫升。③铁盐母液。配成浓缩100倍的母液，用感量0.01克托盘天平按表4-1称取药品，分别溶解，混合后加水定容至1 000毫升。④有机物母液。配成浓缩100倍的母液。用感量0.001克分析天平按表4-1分别称取药品，溶解，混合后加水定容至1 000毫升。

（2）植物生长激素母液的配制。每种激素需单独配成母液，浓度一般为0.1～0.5毫克/毫升，用时根据需要取用。多数激素难溶于水，要先溶于特定溶剂，然后才能加水定容。具体方法为：IAA、IBA、GA、NAA等先溶于少量95%的酒精中，再加水定容到一定体积；2，4-D可用少量1摩/升的NaOH溶解后，再加水定容到一定体积；Kt和BA先溶于少量1摩/升的HCl中再加水定容。通常，植物激素母液的浓度不能过高，否则易产生结晶。

表 4-1　MS 培养基母液的配制

母　液		在 MS 培养基中的浓度（毫克/升）	在母液中的浓度（毫克/升）	1 升培养基应取的量（毫升）
编号	组成成分			
A 大量元素母液	NH_4NO_3	1 650	16 500	100
	KNO_3	1 900	19 000	
	$CaCl_2 \cdot 2H_2O$	440	4 400	
	$MgSO_4 \cdot 7H_2O$	370	3 700	
	KH_2PO_4	170	1 700	
B 微量元素母液	H_3BO_3	6.2	620	10
	$NaMoO_4 \cdot 2H_2O$	0.25	25	
	$MnSO_4 \cdot 4H_2O$	22.3	2 230	
	$CuSO_4 \cdot 5H_2O$	0.025	2.5	
	$ZnSO_4 \cdot 7H_2O$	8.6	860	
	$CoCl_2 \cdot 6H_2O$	0.025	2.5	
	KI	0.83	83	
C 铁盐母液	$Na_2\text{-}EDTA$	37.3	3 730	10
	$FeSO_4 \cdot 7H_2O$	28.7	2 870	
D 有机物母液	肌醇	100	10 000	10
	烟酸	0.5	50	
	盐酸吡哆醇（VB₆）	0.5	50	
	盐酸硫胺素（VB₁）	0.1	10	
	甘氨酸	2	200	

（3）母液的保存。配制好的母液应贴上标签，标注母液名称、配制倍数、用量、日期等。铁盐、有机物质、植物激素类母液在储存的时候最好放入棕色试剂瓶中。母液应在 2～4℃冰箱中储存，储存时间不宜过长，最好在 1 个月内用完。如果发现母液中出现沉淀或浑浊现象，则应丢弃不用。

2. 培养基配制工艺流程。

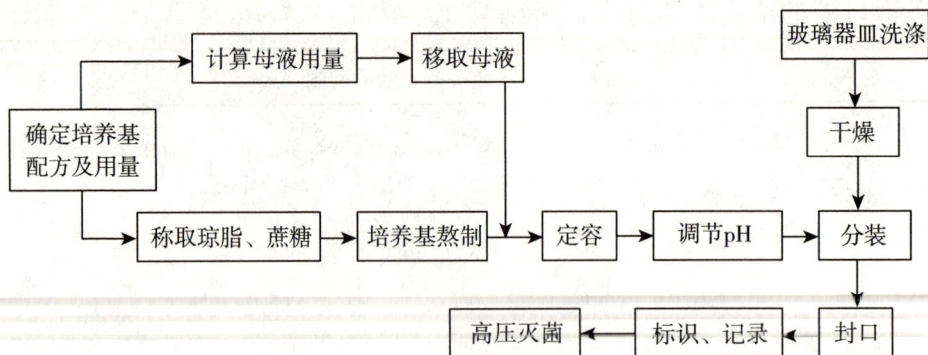

图 4 - 2　培养基配制工艺流程

3. 培养基制备的操作步骤。①确定培养基配方及用量。根据培养对象、培养目的等，通过查阅资料及咨询等确定培养基配方，然后据外植体的数量和试验处理的多少确定培养基的用量。②称取琼脂、蔗糖。用托盘天平分别称取 0.6%～1% 的琼脂、2%～3% 的蔗糖。③培养基熬制。量取纯净水放入加热容器中，纯净水的体积应少于所配制培养基体积，占终体积的 2/3～3/4，加入称量好的琼脂和糖，接通电源加热。边加热边搅拌，防止糊底和溢出，至完全溶化。④移取母液。根据配方计算出各母液用量，按大量元素、微量元素、铁盐、有机成分、植物激素的顺序将母液取出，混合。⑤定容。将母液混合液加入到琼脂完全溶化的培养基中，搅拌混匀，并加水定容到所需体积。⑥调节 pH。用酸度计或精密 pH 试纸测试培养基溶液的 pH（5.5～6.8），偏碱滴加 0.1 摩/升的 HCl 调整，偏酸滴加 0.1 摩/升的 NaOH 调整，直到达到配方要求值。⑦分装。用乳胶管把配制好的培养基趁热分装到培养瓶中，100～150 毫升的培养瓶每瓶装入 30～35 毫升的培养基，分装时数量要均匀、合适，培养基不黏附瓶口和瓶壁。⑧封口。用合适的封口材料和线绳包扎。⑨标识与记录。封装好的培养基做好标记放到高压灭菌锅中准备灭菌。

4. 培养基的高压灭菌。①向灭菌器内加水至水位线处。②将分装好的培养基放入灭菌器的消毒桶内，盖好灭菌器盖，对角线拧紧螺丝。③检查放气阀有无故障，然后关闭放气阀。④打开电源开关，开始加热。⑤待压力上升到 0.05 兆帕时，关闭电源，打开放气阀，排尽冷空气，待压力表指针归零后，再关闭放气阀。⑥打开电源，当灭菌器内温度达 121℃，压力为 0.105 兆帕时，保持此压力灭菌 20～30 分钟。⑦关闭电源开关，缓缓打开放气阀放气。⑧待灭菌室压力表指针回零后，开启灭菌器，迅速取出培养基，室温下冷却。⑨清洁灭菌室内壁的污渍，散发室内的余气，使灭菌室内壁保持干燥，室内洁净。

（三）外植体的表面灭菌与接种

1. 外植体的选择与处理。理论上讲，植物的任何活器官、细胞或组织都能做外植体。但不同种类植物、不同组织和器官对诱导条件的反应往往是不一致的，有的部位诱导成功率高，有的则很难诱导脱分化、再分化，或者只分化芽而不分化根。因此外植体选择的合适与否决定着组织培养的难易程度。

就无菌短枝扦插、丛生芽培养来说，木本植物、能形成茎段的草本植物以采取茎尖和茎段比较适宜，它们能在培养基的诱导下萌发出侧芽，成为中间繁殖体。如速生杨、葡萄、菊花、香石竹等。有些草本植物植株短小或没有显著的茎，可用叶片、叶柄、花萼、花瓣做外植体。如非洲紫罗兰、秋海棠类、虎尾兰等。

采来的植物材料除去不用的部分，将需要的部分仔细洗干净，植物的茎、叶部位有较多的茸毛、油脂、蜡质和刺等，消毒前要经自来水较长时间地冲洗，在冲洗过程中，用软毛刷刷洗或用小刀刮，用剪刀剪去茸毛，冲洗时间长短视材料清洁程度而定。把材料切割成适当大小，以灭菌容器能放入为宜。清洗时可加入洗衣粉，然后再用自来水冲净洗衣粉水。洗衣粉可除去轻度附着在植物表面的污物，除去脂质性的物质，便于灭菌液的直接接触。易漂浮或细小的材料，可装入纱布袋内冲洗。在污染严重时流水冲洗特别有用。洗涤结束后，放入无菌操作室进行消毒接种。

2. 外植体的表面灭菌与接种方法。

（1）准备工作。在接种前 30 分钟打开无菌操作间和超净工作台的紫外灯进行环境灭菌；照射 20 分钟后关闭紫外灯，打开风机使超净工作台处于工作状态；接种人员先洗净双手，在缓冲间换好专用实验服，并换穿拖鞋等；将接种工具、消毒的玻璃器皿、无菌水、配制好的灭菌剂等放入超净工作台；接种人员坐到工作台前，用70％～75％酒精擦拭双手，然后擦拭工作台面；点燃酒精灯，用70％～75％酒精擦拭并反复灼烧接种工具进行灭菌。

（2）操作步骤。将外植体3～5个为1组放入70％～75％的酒精溶液中浸润10～60秒→取出后再放入2％的次氯酸钠溶液浸泡10～15分钟→用无菌水反复冲洗3～5次（1分钟1次）→放入无菌吸水纸上吸干水分，用已灭菌的剪刀或解剖刀将外植体进行适当切割→打开已准备好的培养基瓶盖或封口膜，在酒精灯无菌圈内接入外植体→封口。如此反复操作，直到全部外植体接种完成。注意工具用后及时灭菌，避免交叉污染。最后做好记录，注明处理材料的物种名称、处理方法、接种日期等。

（四）试管苗初代培养

初代培养旨在获得无菌材料和无性繁殖系。即接种某种外植体后，最初的几代培养。初代培养时，常用诱导或分化培养基，即培养基中含有较多的细胞分裂素和少量的生长素。初代培养建立的无性繁殖系包括：茎梢、芽丛、胚状体和原球茎等。根据初代培养时发育的方向可分为：

1. 顶芽和腋芽的发育。 顶芽和腋芽在离体培养中都可被诱导而生长发育。从芽萌发变为幼枝，幼枝继续生长，形成新的顶芽和侧芽。再将新形成的芽切割下来继续培养，反复萌生新的枝条，在很短的时间内重复芽→枝→苗的再生过程，就能生产出许多再生小植株。

如果采用外源的细胞分裂素，可促使具有顶芽、腋芽及休眠侧芽均启动生长，从而形成一个微型的多枝多芽的小灌木丛状的结构（丛生芽）。之后也采取芽→枝→苗的培养，迅速获得多数的嫩茎。一些木本植物和少数草本植物可以通过这种方式来进行再生繁殖，如月季、菊花、香石竹等。这种繁殖方式也称作无菌短枝扦插，它不经过发生愈伤组织而再生，所以是最能使无性系后代保持原品种特性的一种繁殖方式。适宜这种再生繁殖的植物，在采样时，只能采用顶芽、侧芽或带有芽的茎切段，其他如种子萌发后取枝条也可以。

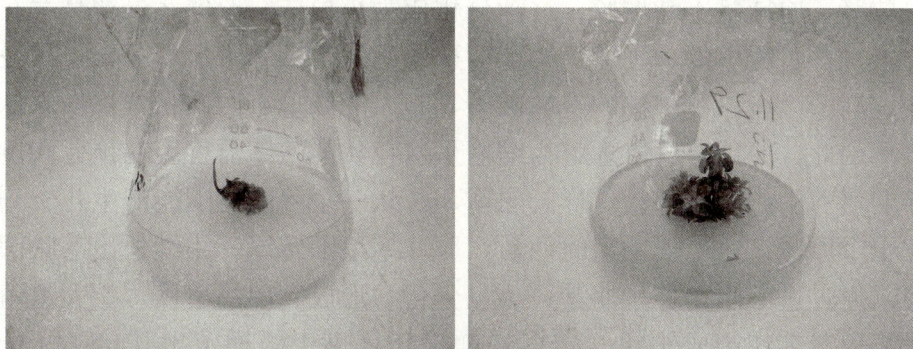

图 4-3 初代培养——外植体萌发

2. 不定芽的发育。目前已有许多种植物通过外植体上不定芽的产生而再生出完整的小植株。在培养中由外植体产生不定芽，通常首先要经脱分化过程，形成愈伤组织的细胞。然后经再分化形成器官原基。多数情况下它先形成芽，后形成根。即外植体→产生愈伤组织→产生不定芽→产生植株。

在不定芽培养时，也常用诱导或分化培养基。用靠培养不定芽得到的培养物，一般采用芽丛进行繁殖，如非洲菊、草莓等。

3. 体细胞胚状体的发生与发育。体细胞胚状体类似于合子胚但又有所不同，它也通过球形，心形，鱼雷形和子叶形的胚胎发育时期，最终发育成小苗，但它是由体细胞发生的。胚状体可以从愈伤组织表面产生，也可从外植体表面已分化的细胞中产生，或从悬浮培养的细胞中产生。通过体细胞胚状体产生植株有三个显著的优点：由一个培养物所产生的胚状体数目往往比不定芽的数目多；胚状体形成快；胚状体结构完整，一旦形成都可能直接萌发形成小植株。

目前已知有 100 多种植物能产生胚状体，但有的发生和发育较为困难。一是植物激素对胚状体的发生有影响。在培养初期，要求必需含有一定量的生长激素，以诱导脱分化、形成愈伤组织。二是遗传基因对胚状体的发生有关系。有些植物容易形成胚状体，有的植物容易产生不定芽，这是因为物种的遗传性不同所决定。

4. 原球茎的发育。 兰科植物的组培过程中，由茎尖或侧芽产生原球茎，原球茎不断增殖，逐渐分化成为小植株。原球茎最初是兰花种子发芽过程中的一种形态构造。种子萌发初期并不出现胚根，只是胚逐渐膨大、以后种皮的一端破裂，胀大的胚呈小圆锥状，称作原球茎。因此，原球茎可以理解为缩短呈珠粒状的嫩茎器官。在顶芽和侧芽的培养中产生的都是这样的原球茎。从一个芽的周围能产生几个到几十个原球茎，培养一定时间后，原球茎逐渐转绿，相继长出毛状假根，通过进一步培养，使其再生、分化，形成完整的植株。扩大繁殖时将原球茎切割成小块，转接到增殖培养基上，增殖出几倍、几十倍、几百倍的原球茎。

（五）试管苗继代培养

在初代培养的基础上所获得的芽、苗、胚状体和原球茎等，称为中间繁殖体，它们的数量都还不多，需要进一步增殖，使之越来越多，从而发挥快速繁殖的优势。继代培养是在初代培养之后的连续数代的增殖培养过程。

继代培养每次使用的培养基对于一种植物来说几乎完全相同，由于培养物在接近最良好的环境条件、营养供应和激素调控下，排除了其他生物的竞争，所以能够按几何级数增殖。一般情况下，在 4～6 周内增殖 3～4 倍是很容易做到的。如果在继代转接的过程中能够有效地防止菌类污染，又能及时地转接继代，一年内就能获得几十万或几百万株小苗。这个阶段就是快速繁殖的阶段。

（六）壮苗生根培养

继代培养对于任何植物来说都不可能无限度地进行，因为一方面继代次数过多易发生变异，另一方面受生产计划和生产规模的限制，增殖到一定数量或代数后必须分流进入壮苗、生根培养阶段。在生产中，继代的次数与繁殖的数量要计划准确，既保证繁殖到需要的数量又不超过继代限度，达到工厂化育苗规范标准的最佳效益。生根培养时将小苗分离为单株或小丛，转入生根培养基使之迅速生根，草本植物大约 7 天即可生根，木本植物 10～15 天生根。同时苗也长高了，植株健壮了，利于炼苗移栽。培养基内矿物元素浓度高时有利于茎叶萌发，而较低时有利于生根，所以生根培养基多采用 1/2MS 或 1/2 大量元素培养基，培养基中去掉细胞分裂素，加入适量的生长素（细胞分裂素/生长素比例低时有利于生根）。为了使生根小苗生长健壮利于移栽，生根培养基中的蔗糖用量可适当减少，用 1.5%～2% 的浓度，以减少试管苗对异养条件的依赖；同时提高光照强度，促进光合作用。当小植株生出 3～5 条水平根，每条根长 1～2 厘米时，为最适宜的出瓶炼苗阶段。

胚状体发育成的小苗，常带有原已分化的根，可以不经诱导生根的阶段。但因经胚状体途径发育的苗数特别多，且个体较小，需要一个低浓度植物激素的培养基培养，以便壮苗生根。

图 4-4　菊花继代繁育——壮苗

图 4-5　组培苗生根

（七）试管苗驯化与移栽

试管苗驯化与移栽是植物组培快繁的最后一步，关系着生产的成败，如果做不好就会前功尽弃。同时由于试管苗的生存环境与自然环境有较大差异，只有充分了解和分析试管苗的特点，人为创造有利于试管苗成活的过渡条件，才能顺利获得大量健壮种苗。

试管苗由于是在无菌、有营养供给、适宜光照和温度、近100%的相对湿度环境条件下生长的，所以在生理、形态等方面都与自然条件生长的小苗有很大的差异，形成了自己的特点：生长细弱，角质层不发达；叶片气孔数少，活性差；叶绿体光合性能差；根系不发达，吸收功能弱；对逆境的适应性和抵抗能力差。

1. 试管苗的驯化。 试管苗驯化的目的是提高试管苗对自然条件的适应性，促其健壮，最终提高移栽成活率。在驯化开始的数天内，创造与培养环境条件相似的条件；后期则创造与预计栽培条件相似的条件，逐步适应。驯化的方法是将试管苗从培养间转移至驯化温室，不开口自然光下放置7～10天，然后打开封口材料继续放置1～2天。

图4-6　组培苗驯化

2. 试管苗的移栽。 ①苗床准备。草本植物移栽于苗床（宽度1米，长度根据温室跨度而定）中，直接在苗床中铺上栽培基质（如蛭石、珍珠岩、草炭等），浇透水即可。木本植物移栽于塑料营养钵中，将营养钵排于苗床中，钵中装填基质至距钵上缘1厘米处，最后也浇透水。②试管苗出瓶。打开瓶口，用镊子把小苗从瓶中取出放于盛有清水的盆中，注意尽量不伤根。③洗苗。在清水中轻轻洗去黏附于小苗根部的培养基，要洗得既干净又少伤根。④移栽。在苗床（按照5厘米株距、8厘米行距）或钵中用竹签打孔，将洗好的小苗插于孔中并将孔覆严，移栽完毕用喷壶浇1遍水，以保证根系与基质充分接触。

（八）苗期管理

1. 保持小苗的水分供需平衡。在移植后5～7天内，应给予较高的空气湿度条件，使叶面的水分蒸发减少，尽量接近培养瓶内的条件，让小苗始终保持挺拔的状态。保持小苗水分供需平衡，首先培养基质要浇透水，然后搭设小拱棚，以减少水分的蒸发，并且初期要常进行喷雾处理，保持拱棚薄膜上有水珠出现。5～7天后，发现小苗有生长趋势，可逐渐降低湿度，减少喷水次数，将拱棚两端打开通风，使小苗适应湿度较小的条件。约10天后揭去拱棚的薄膜，并给予水分控制，逐渐减少浇水，促进小苗长得粗壮。

2. 防止菌类滋生。由于试管苗原来的环境是无菌的，移出来后难以保证完全无菌，因此，应尽量不使菌类大量滋生，以利成活。所以应对基质进行高压灭菌或烘烤灭菌。可以适当使用一定浓度的杀菌剂以便有效地保护幼苗，如多菌灵、托布津，浓度稀释800～1 000倍液，宜7～10天喷药1次。喷水时可加入0.1%的尿素，或用1/2MS大量元素的水溶液作追肥，可加快幼苗的生长与成活。

3. 保证适宜的温度和光照条件。试管苗移植后要保持适宜的温度、光照条件，适宜的生根温度是18～20℃，冬春季地温较低时，可用电热线来加温。温度过低会使幼苗生长迟缓，或不易成活。温度过高会使水分蒸发加快，从而使水分平衡受到破坏，并会促使菌类滋生。

另外在光照管理的初期可用较弱的光照，如在小拱棚上加盖遮阳网，以防阳光灼伤小苗和增加水分的蒸发。当小植株有了新的生长时，逐渐加强光照。后期可直接利用自然光照，促进光合产物的积累，增强抗性，促其成活。

2 花卉穴盘育苗技术

穴盘育苗技术是 20 世纪 70 年代中期在欧美国家率先发展起来的一种适合工厂化种苗生产的育苗方式，80 年代中期开始引入我国，近年来得到了空前发展。尤其是美国维生种苗公司，其经营性分支机构遍布我国各地，使得我国的广大农业生产者对穴盘育苗有了更多的了解并且广泛地接受，各地政府及企业也纷纷组建穴盘育苗工厂，投资这一新兴的产业。

▪ 穴盘育苗的优点

与传统育苗方式相比，穴盘育苗具有以下几方面的优点：播种后出苗快，幼苗整齐，成苗率高，节省种子量；苗龄短，幼苗素质好；根系发达、完整，移栽时伤根少，还苗快，收获期提前；苗床面积小，管理方便，便于运输；不用泥土，基质通过消毒处理，苗期病虫害少。

▪ 花卉穴盘育苗流程

（一）穴盘选择和消毒

穴盘的穴格及形状与幼苗根系的生育息息相关，穴格体积大，基质容量大，其水分、养分蓄积量大，对供给幼苗水分的调节能力也大；另外，相对地还可以提高通透性，对根系的发育也较为有利。但穴格越大，穴盘单位面积内的穴格数目越少，影响单位面积的产量，价格或成本会增加。穴盘的规格有 288 孔、200 孔、128 孔、108 孔、72 孔、50 孔，主要视育苗时间的长短、根系的深浅和商品苗（移植苗）的规格来确定。对使用过的穴盘，再次使用前必须消毒，常用方法是用 600 倍液多菌灵，800～1 000 倍液杀灭尔等杀菌剂洗刷或喷洒，之后用清水冲洗 2～3 次。

（二）基质的选择与配制

决定穴盘育苗生产成败的一个重要因素是基质的质量。若要适合作物生长，基质必须达到四个方面的要求：①供给水分。②供给养分。③保证根际的气体交换。④为植株提供支撑。达到这些要求是由栽培基质本身的物理特性与化学特性所决定的，其物理性质包括：基质的气相、液相与固相比，基质的水分吸收，基质的可再吸湿能力，排水性，及基质水分散失特性；基质的化学性质包括：阳离子代换率，透气性，石灰性（碱性）物质的含量，有效养分，总盐度等。

穴盘育苗主要采用轻型基质，如草炭、蛭石、珍珠岩等。草炭的持水性和透气性好，富含有机质而且具有较强的离子吸附能力，在基质中主要起持水、透气、保肥的作用；蛭石的持水性特别出色，可以起到保水作用；而珍珠岩吸水性差，主要起透气作用。三种物质的适当配比可以达到最佳的育苗效果。也可以根据不同地区的特点，调整配比的比例，如南方高湿多雨地区可适当增加珍珠岩的比例，西北干燥地区可以适当增加蛭石的比例，达到因地制宜的效果。一般的配比比例为草炭：蛭石：珍珠岩＝3：1：1。按照每立方米基质添加 3 千克复合肥的配比将育苗基质和肥料混合后装盘。

（三）装盘

装穴盘可机械操作，也可人工填装。首先应该准备好基质，将配好的基质装在盘中，注意尽量使每个穴孔填装均匀，并轻轻镇压，使基质中间略低于四周。装盘时应注意不要用力压紧，因为压紧后，基质的物理性状受到了破坏，使基质中空气含量和可吸收水的含量减少，正确方法是用刮板从穴盘的一方刮向另一方，使每个穴盘都装满基质，尤其是四角和盘边的孔穴，一定要与中间的孔穴一样。基质不可填装过满，应略低于穴盘孔，使每个穴孔的轮廓清晰可见。播种前一天应淋湿基质，达到刚好浇透的程度，即穴孔底部有水渗出。淋湿的方法采用自动间歇喷水或手工多遍喷水的方式，让水分缓慢渗透基质。

（四）压穴

装好的盘要进行压穴，以利于将种子插入其中，可用专门制作的压穴器压穴，也可以将装好基质的盘垂直码放在一起，4～5盘1摞，上面放1只空盘，两手平放在盘上均匀下压至要求的深度为止。

（五）播种

穴盘育苗一般是每个穴孔放1粒种子，无论是机械播种还是人工播种都要力求种子落在穴孔正中间。播种后较大粒的种子要覆一层基质（蛭石等），小粒种子可不覆土。作为工厂化穴盘育苗，播种应由精量播种机来完成，可以实现工厂化生产的标准化，并能提高工作效率。播种机应具备填土、打孔、送种子、覆盖、浇水等装置。生产中根据种子的大小来确定播种的深度，大粒种子（如瓜类、美人蕉）一般播种深度为1厘米左右；小粒种子（如四季海棠、矮牵牛、大岩桐）播种时只需打0.2～0.3厘米的浅孔，将种子播下不需覆盖。

（六）覆盖基质

播种后用蛭石覆盖穴盘，方法是将蛭石倒在穴盘上，用刮板从穴盘的一方刮向另一方，去掉多余的蛭石，覆盖的蛭石不要过厚，与穴格相平为宜。

（七）苗盘入床

将已播种的育苗盘铺放在苗床中，及时用清水将苗盘浇透，浇水时喷洒要轻而匀，防止将孔穴内的基质和种子冲出，然后在苗床上平铺一层地膜，以防止育苗盘内水分散失。在覆盖地膜时，需在育苗盘上安放一些小竹条，使薄膜与育苗盘之间留有空隙而不黏结。也可在基质装盘后与播种前将育苗盘浸放到水槽中，水从育苗盘底部慢慢往上渗，吸水较均匀，然后再放入苗床内。

（八）催芽

催芽是在催芽室中进行的，催芽室在设计的过程中应考虑种苗品种的多样性。各类品种对环境的要求是不一样的，最好单间不要过大，在 20 米² 左右。催芽室内必须具备加光和温度调控设备，来调节各类品种在发芽时对光照和温度的要求。根据各品种在发芽时对光照的要求不同，可分为需光性品种、厌光性品种和不敏感性品种。当种子在催芽室内催芽时，应注意密切观察，当种子的胚根在基质中呈钩状时，即将其从催芽室移至育苗温室内。

（九）苗期管理

移苗补缺：出苗后要及时将苗床上覆盖的地膜揭去，防止揭膜过迟而形成"高脚苗"。待子叶展开后就要立即进行间苗和移苗补缺，将单穴内多余的苗拔起移入缺苗的空穴内，同时将穴内多余的苗删除，缺苗移补好后，立即对苗床喷洒清水。

1. 环境控制。创造种苗适宜的生长环境，是育好各类品种种苗的基础。包括土壤环境和气候环境控制。土壤环境控制主要是对基质中的 pH、EC 值、水分进行控制；气候环境控制主要是对各品种所需的光照、温度进行控制。

2. 肥水管理。肥水管理在种苗的整个生长过程中不同阶段有着不同的要求。子叶阶段，当出苗达到 80% 左右时，应对整个苗床进行控水，要求干到基质表面发白，用手挤压基质看不见水时，浇透水。长真叶阶段，出现第一片真叶时，开始施用 40 毫克/千克的氮肥，在以后的生长过程中，随着真叶数量的增多，施肥浓度也随之增加，施用氮肥的浓度不超过 150 毫克/千克，并结合施用高钙肥，来促使种苗根系的生长；此阶段对水分的控制是，要求基质表面干到发白，但用手挤压能看见自由水时，浇透水。炼苗阶段，此阶段主要是对水分控制，促使根系的生长，当根系布满穴盘，便于移栽时提苗，并且要减少水肥供给，进行低温或高温锻炼，使小苗能够适应外界的种植环境。

3. 病虫害防治。猝倒病的防治是整个苗期病害防治的关键，主要采取以下措施：基质消毒要彻底，在温室管理过程中要定期施用杀菌药液进行防治，并要做到温室内的空气流通，以减少病害的发生，达到综合防治的目的。虫害的防治要根据不同的季节出现的害虫选用适当的杀虫剂，如温室白粉虱是温室内四季均可发生的害虫，它为刺吸式口器，在防治时选用内吸型药剂效果较好，或在温室放置黄色的黏虫板以诱杀。

（十）包装运输

穴盘苗采用特制的种苗箱，配上垫板进行包装。苗箱的长宽比穴盘的长宽略大一点，高度一般在45厘米左右。垫板主要是为了让包装箱内放置多层穴盘，起到支撑作用，可根据种苗的高度定做不同规格的垫板，以减少运输成本。运输在不同的季节有着不同的要求，夏季由于温度高，特别是运输路途比较远的，必须将包装好的种苗放置在16℃的环境中预冷4小时再发苗；冬季运输过程中必须注意保温，避免产生冻害。

知识链接

穴盘苗的矮化技术

穴盘苗的矮化主要是通过强光照、昼夜温差、水分的干湿交替和激素来控制的。由于花卉一般用以观赏，不提供食用，可以用激素来进行种苗矮化。目前常用的激素有多效唑、烯效唑、比久、矮壮素等。施用激素前应了解各种激素被植物吸收的部位来确定不同的施药方式。如多效唑、烯效唑可以被植物的根、茎、叶吸收，施用时可以喷洒也可以灌根；

比久只能被植物叶片吸收，在施用时只能喷洒。激素在冷凉的气候环境下使用效果最好，一般要求在傍晚和早晨进行。使用激素时浓度至关重要，同一种激素在不同植物上的使用浓度是不一的，考虑到生产的安全性，必须先试验再使用。

3 花卉扦插技术

扦插是花卉无性繁殖的方法之一，即取植物茎、叶、根的一部分，插入沙或其他基质中，使其生根或发芽成为新植株的繁殖方法。扦插所用的一段营养体称为插穗。自然界中只少数植物具有自行扦插繁殖的能力，栽培花卉多是在人为干预下进行，具有培养的植株比播种苗生长快、开花时间早、繁殖简便快速、繁殖量大又能保持原品种特性等优点。对不易产生种子的花卉，多采用这种繁殖方法。缺点是根系较弱，寿命不如有性繁殖的长。

知识链接

植物扦插成活的原理

扦插成活的原理是由于植物的营养器官具有再生能力，可生长出不定根和不定芽从而成为新植株。

当根、茎、叶脱离母体时，植物的再生能力就会充分表现出来，在插条上长出根、茎、叶。当枝条脱离母体后，枝条内的形成层、次生韧皮部和髓部，都能形成不定根的原始体而发育成不定根。用根做插条时，由根的皮层薄壁细胞长出不定芽而长成独立植株。利用植物的再生功能，把插条等剪下插入扦插基质中，在基部能长出根，上部发出新芽，形成完整的植株。

■ 影响扦插生根的因素

（一）内在因素

1. 花卉种类。不同花卉间的遗传性也反映在插条生根的难易上，不同科、属、种，甚至品种间都会存在差别。如仙人掌、景天科、杨柳科的花卉普遍易扦插生根；木犀科的大多数易扦插生根，但流苏树则难生根；山茶属的种间反应不一，山茶、茶梅易，云南山茶难；菊花、月季花等品种间差异大。

2. 母体状况与采条部位。营养良好、生长正常的母株，体内含有丰富的促进生根物质，是插条生根的重要物质基础。不同营养器官的生根、出芽能力不同。有试验表明，侧枝比主枝易生根，硬枝扦插时取自枝梢基部的插条生根较好，软枝扦插用顶梢做插条的比下方部位的生根好，营养枝比结果枝更易生根，去掉花蕾比带花蕾者生根好，如杜鹃花。

（二）环境因素

1. 基质。理想扦插基质的特征是排水、通气良好，又能保温，不带病、虫、杂草及任何有害物质。常用于扦插的基质主要有河沙、蛭石、珍珠岩、草木灰、砻糠灰等。人工混合基质常优于土壤，可按不同花卉的特性配制。

2. 水分与湿度。基质需保持一定的含水量，插条生根前要一直保持高的空气湿度，尤其是带叶的插条，短时间的萎蔫就会延迟生根，干燥使叶片凋枯或脱落，使生根失败。

3. 温度。一般花卉插条生根的适宜温度，气温白天为 18～27℃，夜间为 15℃左右。土温应比气温高 3℃左右。

4. 光照强度。研究表明，许多花卉如大丽花、木槿属、锦带花属、荚蒾属、连翘属，在较弱光照下生根较好，但许多草本花卉，如菊花、天竺葵及一品红，适当的强光照生根较好，但在较强光照时，必须保证适宜的空气湿度。

■ 扦插方法

依插穗的器官来源不同，扦插繁殖可分为枝（茎）插、叶插、芽插和根插等。

（一）枝插

采用花卉枝条做插穗的繁殖方法，是应用最为普遍的一种扦插方法。根据生长季节与取材的不同又分为以下三种：

1. 硬枝扦插。多用于落叶木本花卉。扦插时间多在秋冬落叶后至翌年早春萌芽前的休眠期进行。在落叶后，选取成熟、节间短而粗壮并且无病虫害的 1～2 年生枝条中部，将枝条截成 10～15 厘米长，3～4 节的插穗。上端切口离芽 1～2 厘米，下端切口应临近节处，切口呈斜面。插前先用木棍或竹签在基质上扎孔，以免损伤插穗基部剪口表面。扦插深度为插穗长度的 1/3～1/2，直插或斜插。南方多在秋季扦插，有利于促进早生根发芽；北方地区冬季寒冷，应在阳畦内扦插，或将插穗储藏至翌年春季扦插。插穗冬藏采用挖深沟湿沙层积的方法，量少也可用木箱室内冷凉处沙藏。

2. 半硬枝扦插。主要是常绿木本花卉的生长期扦插。插穗成熟度介于软枝与硬枝之间。取当年生半成熟的枝条（如果太嫩，可剪去顶端），穗长约 8 厘米，剪下后将插穗下部的叶片摘去，仅留顶端

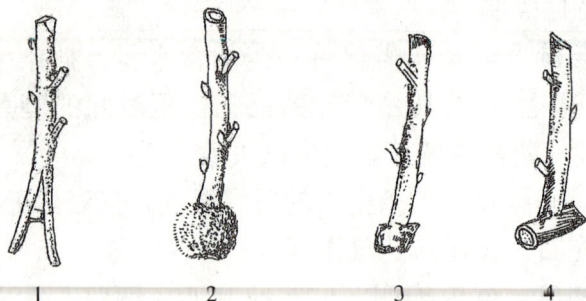

图 4 - 7　硬枝扦插

插　2. 泥球插　3. 锤型插　4. 带踵插

2~3个叶片，插入基质的深度为插穗的 1/2~1/3。插穗未插前要放在阴处，用湿布覆盖或包好，以免水分蒸发而影响成活。此方法适用于大多数常绿或半常绿木本花卉，如米兰、栀子花、杜鹃花、月季花、海桐、黄杨、茉莉花、山茶花和桂花等的繁殖。

图 4 - 8　半硬枝扦插

3. 软枝扦插。即当年生嫩枝扦插。多用于草本花卉或温室花卉。在生长旺盛季节进行。插穗选取当年生长发育充实的嫩枝或木本花卉的半木质化枝条，长 5~6 厘米，保留上端 2~3 片叶，将下部叶片从叶柄基部全部剪掉。如果上部保留的叶片过大，如扶桑、一品红等，可剪去 1/3~1/2。下端剪口在节下 2~3 毫米处。扦插深度为插穗长度的 1/3~1/2。在扦插前，先用比插穗稍粗的竹签在基质上扎孔，然后将插穗顺扎孔插入，以免损伤插穗基部的剪口。插完一组后，即用细眼喷壶洒一次水，使基质与插穗密接，并用遮阴网遮阴。如用盆扦插，应放置在通风庇荫处，插完后盖上塑料薄膜，每天中午打开一角略加通风。

木本花卉如木兰属、蔷薇属、绣线菊属、火棘属、连翘属和夹竹桃等，草本花卉如菊花、天竺葵属、大丽菊、丝石竹、矮牵牛、香石竹、秋海棠等，均可用此方法进行。

（二）叶插

叶插是用花卉叶片或者叶柄做插穗的扦插方法。适用于能自叶上发生不定芽和不定根的种类。能叶插的花卉，多具有粗壮的叶柄、叶脉或肥厚的叶片，如秋海棠、非洲紫罗兰、十二卷属、虎尾兰属的许多种。

1. 全叶插。用完整叶片做插穗。

（1）平置法。如落地生根可由叶缘处生根发芽，可将叶缘与基质紧密接触。秋海棠可先剪除叶柄，将叶片上的主脉、支脉间隔切断数处，平铺在插床面上，使叶片与基质密切接触，并用竹枝或透光玻璃固定，能在主脉、支脉切伤处生根。

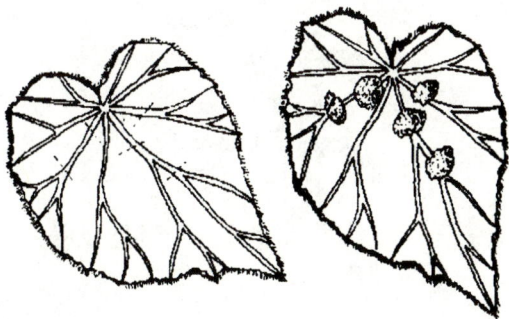

图 4-9　全叶插

图 4-10　虎尾兰片叶插

（2）直插法。又叫叶柄插法。如非洲紫罗兰、豆瓣绿等，将带叶的叶柄插入基质中，由叶柄基部发根；橡皮树叶柄插时，将肥厚叶片卷成筒状，插竹签固定于基质中。

2. 片叶插。将 1 个叶片分切为数块，分别进行扦插，使每块叶片上形成不定芽。如将虎尾兰的 1 个叶片切成数块（每块上应具有一段主脉和侧脉，长5～6厘米的小段）分别进行扦插，使每块叶片基部形成愈伤组织，再长成一个新植株（图4-10）。

（三）芽插

利用芽做插穗的扦插方法。取2厘米长、枝上有较成熟的芽（带叶片）的枝条做插穗，芽的对面略剥去皮层，将插穗的枝条露出基质面，可在茎部表皮破损处愈合生根，腋芽萌发成为新植株。如橡皮树、天竺葵等。

（四）根插

用根做插穗的扦插方法。适用于带根芽的肉质根花卉。结合分株将粗壮的根剪成5～10厘米1段，全部埋入插床基质或顶梢露出土面，注意上下方向不可颠倒。如牡丹、芍药、月季、补血草等。某些小草本植物的根，可剪成3～5厘米的小段，然后用撒播的方法撒于床面后覆土即可，如宿根福禄考等。

图4-11 根 插

▪ 扦插后的管理

为了促使插穗尽快生根，必须加强扦插后的插床管理。影响扦插生根的因素很多，但主要是保持好插床适宜的温度、湿度及光照条件。

（一）温度

扦插后，生根前主要是保湿保温。温度主要指基质温度，基质温度对促进插穗生根具有很大的作用。不同种类要求不同的扦插温度，软枝扦插、叶插的适宜温度为 20～25℃；硬枝扦插、芽插的适宜温度为 22～28℃，低于 20℃插穗不易生根，高于 28℃也会影响根的形成。北方的硬枝插穗，可采用阳畦覆盖塑料薄膜再加草帘覆盖的办法保温，白天揭帘增温，夜间盖帘保温。南方多采用搭棚来保温保湿。

（二）湿度

扦插后，要切实保持插床内基质和周围空气的湿润状态。插床周围空气的相对湿度以近于饱和为宜，即覆盖的塑料薄膜上有凝聚的小水珠为适；未覆盖塑料薄膜的插床，其周围空气的相对湿度也应达到 80%～90%。插床基质的湿度则不宜过大，否则会引起插穗腐烂。一般插床基质湿度约为最大持水量的 60%，以用手捏基质不散，但又不积聚成团为宜。

（三）光照

常规扦插初期，要在插床上方搭棚遮阴，遮阴度以 70%为宜。因初期强烈的日光会使插穗失水而影响成活，当插穗生根后，则可于早晚逐渐加强透光、通风，以增强插穗本身的光合作用，促进根系进一步生长。

4 花卉嫁接技术

嫁接是花卉的营养繁殖方式之一，是指将一种花卉植物的枝或芽移接到另一种植株的根、茎上，使之长成新植株的繁殖方法。用于嫁接的枝条称接穗，嫁接的芽称接芽，承受接穗的植株称砧木，接活后的苗称嫁接苗。嫁接繁殖能保持品种的优良性状；增加品种抗性，提高其适应能力；提早开花结果；改变原生产株形；但繁殖量少，操作烦琐技术难度大。常用于其他无性繁殖方法难以成功的花卉。在一些木本花卉中使用较为广泛，木本花卉如山茶花、桂花、月季花、杜鹃花、白兰、樱花、梅花等常用此法繁殖，嫁接也常用于菊花、仙人掌等草本花卉的造型。

嫁接在花卉繁殖上有特殊意义与应用价值。第一，可用于某些不易用其他无性繁殖方法繁殖的花卉，如云南山茶、白兰、梅花、桃花、樱花等，进行大量生产。第二，可提高特殊品种的成活率，如仙人掌类中不含叶绿素的黄、红、粉色品种只有嫁接在绿色砧木上才能生存。第三，提高观赏性，垂枝桃、垂枝槐等嫁接在直立生长的砧木上更能体现出下垂枝的优美体态，菊花利用黄蒿作为砧木可培育出高达5米的塔菊。第四，嫁接是提高观赏植物抗性的一条有效途径，如切花月季常用强壮品种做砧木促使其生长旺盛。第五，嫁接繁殖可提前开花，如桂花播种苗需10～15年才能开花，而嫁接苗可当年开花。

因砧木和接穗的取材不同，嫁接方式可分为根接、枝接、芽接以及根颈接、高接、靠接等。

知识链接

植物嫁接成活的原理

嫁接的过程实际上是砧木与接穗切口相愈合的过程。接穗与砧木的形成层由薄壁细胞组成，在适宜的时候产生分裂能力，形成愈伤组织。因为形成层区及其相邻的木质部、韧皮部、射线薄壁细胞是新细胞的来源，因此嫁接时必须尽可能使砧木与接穗的形成层有较大的接触面并且紧密贴合。当接穗与砧木形成层对齐扎紧后，能彼此愈合形成愈伤组织，使上下营养物质对流，从而形成新的植株。

■ 影响嫁接成活的因素

（一）内在因素

1. 嫁接亲和力。亲和力就是砧木和接穗在内部的组织结构、生理和遗传性上，彼此相同或相近，从而能互相结合在一起生长、发育的能力。嫁接亲和力的大小主要决定于砧木和接穗的亲缘关系：一般来说亲缘关系越近，亲和力越强。同品种或同种间的嫁接亲和力最强，这种嫁接组合叫"共砧"。同属异种间的嫁接亲和力因属种而异，如柑橘属、苹果属、蔷薇属、李属、山茶属、杜鹃花属的属内种间亲和力较强，常能成活。同科异属嫁接亲和力一般是比较小的，但也有嫁接成活的组合。如枫杨上接核桃，枸橘上接蜜橘，女贞上接桂花等，也常应用于生产。

2. 砧木与接穗的生长发育状态。生长健壮、营养良好的砧木与接穗中含有丰富的营养物质和激素，有助于细胞旺盛分裂，成活率高。接穗以一年生的充实枝梢最好。枝梢或芽正处于旺盛生长时期不宜作为接穗。

小资料

嫁接操作应牢记"齐、平、快、紧、净"五字。

1. 齐。齐就是指砧木与接穗的形成层必须对齐。

2. 平。平是指砧木与接穗的切面要平整光滑，最好一刀削成。

3. 紧。紧是指砧木与接穗的切面必须紧密地结合在一起。

4. 快。快是指操作的动作要迅速，尽量减少砧、穗切面失水，对含单宁较多的植物，可减少单宁被空气氧化的机会。

5. 净。净是指砧、穗切面保持清洁，不要被泥土污染。

（二）环境因素

在砧、穗的愈合过程中，愈合组织形成的条件也是非常重要的。影响愈合组织形成的条件主要有温度、湿度、光线、空气以及砧木、接穗本身的生活能力等。

1. 温度。温度对愈伤组织发育有显著的影响。春季嫁接太晚，会造成温度过高导致失败，温度过低则愈伤组织发生较少。多数花卉生长最适温度为 12～32℃，也是嫁接适宜的温度。

2. 湿度。在嫁接愈合的全过程中，保持嫁接口的高湿度是非常必要的。因为湿度对愈合组织生长的影响有两方面：一是愈伤组织生长本身需要一定的湿度环境。二是接穗需要在一定的湿度条件下，才能保持生活力。愈伤组织内的薄壁细胞细胞壁薄而柔嫩，不耐干燥。过度干燥将会使接穗失水，切口细胞枯死。空气湿度在低于饱和的相对湿度时，会阻碍愈伤组织形成，湿度越高，细胞越不易干燥。嫁接中常用涂蜡或用保湿材料（泥炭藓）包裹等提高湿度。

3. 光照。光照对愈伤组织的形成和生长有明显抑制作用。在黑暗条件下，有利于愈伤组织的形成，因此，嫁接后一定要遮光。低接用土埋，既保湿又遮光。

4. 氧气。细胞旺盛分裂时呼吸作用加强，故需要有充足的氧气。给予一定的通气条件，可以满足砧木与接穗接合部形成层细胞呼吸作用对氧气的需求。因此，生产上常用透气保湿的聚乙烯膜包裹嫁接口和接穗，它是较为方便、合适的材料与方法。低接用培土保持湿度时，土壤含水量不能过大，大于25％时就会造成空气不足，影响愈伤组织的生长，嫁接难以成活。

▪ 嫁接方法

（一）嫁接前的准备

1. 砧木的选择。①砧木与接穗的亲和力要强。②砧木要能适应当地的气候条件与土壤条件，本身要生长健壮、根系发达、具有较强的抗逆性。③砧木繁殖方法要简便、易于成活、生长良好。砧木的规格要能够满足园林绿化对嫁接苗高度、粗度的要求。砧木的大小、粗细、年龄与嫁接成活和接后的生长有密切的关系。一般粗度在1～3厘米为宜，生长快而枝条粗壮的核桃、楸树等，砧木宜粗，而枝条细及生长慢的树种，砧木可稍细。年龄以1～2年生的砧木为最佳，生长慢的针叶树种也可用3年生以上的苗木做砧木。

2. 砧木的培育。砧木可通过播种、扦插等方法培育。生产中多以播种的实生苗为砧木，它具有根系深、抗性强、寿命长和易大量繁殖等优点。但对种子来源少或不易用种子繁殖的树种也可用扦插、分株、压条等营养繁殖苗做砧木。

3. 接穗的选择、采集和储藏。采穗母树必须是品质优良纯正、观赏价值和经济价值高、优良性状稳定的植株。在采条时，应选择母树生长健壮、发育良好、无病虫害、树冠外围尤其是向阳面光照充足、粗细均匀的1年生枝做接穗。但针叶常绿树接穗应带有1段2年生发育健壮的枝条，以提高嫁接成活率，并促进生长。

接穗的采取因嫁接时期和方法不同而不同。枝接接穗的采取，如针叶树种采集接穗，多于2月下旬至3月中旬树木萌动前采集。以采集优树树冠中部、中上部的外围枝条最好。这种枝条光照充足，生育健壮，顶芽饱满，具有发育阶段老而枝龄较小的特点，不但能提早结实，而且可塑性大，生长势强。采集接穗长度为50～70厘米；如落叶阔叶树枝接的接穗，在落叶后即可采集，最迟不得晚于发芽前2～3周。

生长季节芽接所用的接穗，采自当年生的发育枝（生长枝），宜随采随接；接穗采下后要立即剪去嫩梢，摘除叶片（保留叶柄），及时用湿布包裹，防止水分损失。若从他处采集来的接穗不能及时使用，可将枝条下部浸于水中，放在阴凉处，每天换水1～2次，可保存4～5天。保存时间要求更长些，可将枝条包好放冷窖中保存，放冰箱中保存更好。

4. 嫁接工具的准备。主要有嫁接刀、修枝剪、手锯、绑扎材料等。

（二）嫁接方式

嫁接方式多种多样，因花卉种类、砧木状况不同而不同。依砧木和接穗的来源性质不同可分为枝接、芽接、根接、靠接和插条接等多种。依嫁接口的部位不同又可分为根颈接、高接和桥接等几种。

1. 枝接。枝接是用一段完整的枝做接穗嫁接于带有根的砧木茎上的方法。一般在休眠期进行，以砧木树液开始流动而接穗尚未萌动时为最适期。枝接方法有：切接、劈接、皮下接、靠接、腹接、舌接、平接等。

（1）切接。切接是枝接中最常用的方法，通常在砧木较细时使用，适用于大部分园林花卉。

削接穗：切取生长健壮的一二年生枝条的中下部5～6厘米，带2～3个芽，离上芽1厘米处平切，基部做45°锐角斜切，一刀而下长2～3厘米。另在其对侧，削去0.8厘米（相当于另一削面的1/3），至露出形成层为止。

处理砧木：离地约10厘米处用将砧木平切，略带木质部下切长2～3厘米。

嫁接：将接穗的长削面朝里，插入砧木的切口内。如果砧木与接穗粗度不相近则对齐一侧形成层，如果砧木与接穗粗度相近，两侧形成层对齐，用塑料条绑紧密封。

（2）劈接。通常在砧木较粗、接穗较小时采用，要求选用的砧木粗度为接穗粗度的2～5倍。劈接可用于木本花卉，亦适合部分仙人掌类植物的嫁接及草本花卉的嫁接如菊花的嫁接，还应用于瓜类、茄果类幼苗的嫁接。

劈砧木：在离地面 10 厘米处平切，截干，用刀在砧木横断面往下纵切，切口深 3～4 厘米。

削接穗：切取生长健壮的一二年生枝条的中下部 5～6 厘米，带 2～3 个饱满芽，离上芽 1 厘米处平切，在下芽两侧各削一个 3 厘米的削面，呈楔形，外宽内窄，削面光滑。

嫁接：将接穗插入，注意砧、穗形成层对齐，然后用塑料薄膜绑缚。

（3）靠接。靠接在嫁接过程中接穗和砧木各有自己的根系，不易接活的树木多用靠接法繁殖。多应用于盆景。如一株形态十分优美的树桩，但它的品种不佳，需靠接上品种好的枝条。如挖到野生的紫薇桩，靠接上银薇的枝。

靠接时间一般在生长期进行。接前先使砧木和接穗互相接近，然后在适当的部位将接穗和砧木的枝上，各削去长 3～5 厘米，深达木质部的 1/3～1/2。再将它们互相结合，形成层对齐，用塑料薄膜绑缚。接活后将接穗自结合部以下剪去，砧木自结合部以上剪去。如用小叶女贞做砧木嫁接桂花、大叶榕树嫁接小叶榕树、代代嫁接香园或佛手等。

2. 芽接。 芽接与枝接的区别是接穗为带一芽的茎片，或仅为一片不带或带有木质部的树皮，常用于较细的砧木上，具有以下优点：接穗用量省、操作快速简便、嫁接适期长、接合口牢固等。

芽接都在生长季节进行，从春到秋均可。砧木不宜太细或太粗，接穗必须是经过一个生长季，已成熟饱满的侧芽，不能用已萌发的芽及尚在生长的嫩枝上的芽做接穗。在接穗春梢停止生长后进行，一般在 5～6 月进行夏季芽接，成活后即剪砧，促使快发快长，当年即可成苗出圃。适用于生长快速树种及生长季节长的地区。另有秋季芽接和春季芽接。秋季接穗采下即用，不需储藏，当年愈合，翌年抽梢早，苗壮。春季芽接只用于秋接失败后补接。应在春季发芽前进行，接穗需在发芽前采下储藏，砧木活动后再接，故适期短，接后抽梢迟，一般不常用。

（1）T字形芽接。选取一个饱满的芽，剪掉芽外的叶片，留下叶柄。在芽上方1厘米处平截，深到木质部，再从芽下方2厘米处向上切，把叶柄以及叶腋处的芽连同树皮一齐削下来，除去木质部，露出形成层，制成接穗。

切砧木：在砧木的光滑处开一个T形切口，深到木质部，再轻轻将皮剥开。

嫁接：把准备好的接穗插进T形切口内，并使接穗上方的横切口与砧木的横切口紧密对齐。绑时叶柄和芽要露出。

（2）盾片嵌芽接。取芽同T字形芽接。选取一个饱满的芽，剪掉芽外的叶片，留下叶柄。在芽上方1厘米处平截，深到木质部，再从芽下方2厘米处向上切，把叶柄以及叶腋处的芽连同树皮一齐削下来，除去木质部，露出形成层，制成接穗。

切砧木：在砧木的光滑处横切一刀，然后斜向下削去皮层，深到木质部，大小同接穗。

嫁接：把接穗插贴到砧木上，并使接穗上方的横切口与砧木的横切口紧密对齐。绑时叶柄和芽要露出。

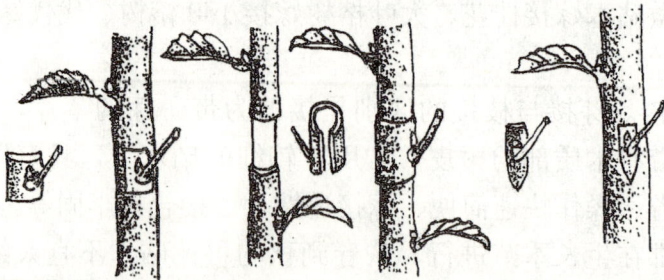

图4-12　盾片嵌芽接

3. 髓心接。接穗和砧木以髓心愈合而成一新植株的嫁接方法。一般用于仙人掌类花卉。在温室内一年四季均可进行。

（1）仙人球嫁接。先将仙人球砧木上面切平，外缘削去一圈皮肉，平展露出仙人球的髓心。再将另一个仙人球基部也削成一个平面，然后砧木和接穗平面切口对接在一起，中间髓心对齐，最后用细绳连盆一块绑扎固定，放半阴干燥处，1 周内不浇水。保持一定的空气湿度，防止伤口干燥。待成活后拆去扎线，拆线后 1 周可移到阳光下进行正常管理。

（2）蟹爪莲嫁接。以仙人掌为砧木，蟹爪莲为接穗的髓心嫁接。将培养好的仙人掌上部平削去 1 厘米，露出髓心部分。蟹爪莲接穗要采集生长成熟、色泽鲜绿肥厚的 2～3 节分枝，在基部 1 厘米处将两侧的外皮都削去，露出髓心。在肥厚的仙人掌切面的髓心左右切 1 刀，再将插穗插入砧木髓心挤紧，用仙人掌针刺将髓心穿透固定。髓心切口处用融解蜡汁封平，避免水分进入切口。1 周内不浇水。保持一定的空气湿度，当蟹爪莲嫁接成活后移到阳光下进行正常管理。

4. 根接。以根为砧木的嫁接方法。肉质根的花卉用此方法嫁接。牡丹根接，在秋天温室内进行。以牡丹枝为接穗，芍药根为砧木，按劈接的方法将两者嫁接成一株，嫁接处扎紧放入湿沙堆埋住，露出接穗接受光照，保持空气湿度，30 天成活后即可移栽。

◾ 嫁接后的管理

各种嫁接方法嫁接后都要对温度、空气湿度、光照、水分等环境条件进行的正常管理，不能忽视任一方面，特别是接口处要有较高的相对湿度。为此除用塑料薄膜条在接口包扎保湿外，还可以用埋细土的方法覆盖接口，在休眠期嫁接，可采用此法。也可在嫁接部位罩塑料袋或搭小塑料棚，以保持相对湿度，提高土温，促进愈合。气温升高后除去覆盖物，以避免萌动芽不能及时见光或见光不足而出现黄弱不良症状。保证花卉嫁接的成活率。

嫁接后要及时地检查成活程度，如果没有嫁接成活，应及时补接。

接成活后要适时解除塑料薄膜条带等绑扎物。解绑不可过早过晚，过早愈合不牢，过晚接口生长受阻，不利于今后的生长。芽接一般在嫁接成活后 20～30 天可除绑；枝接一般在接穗上新芽长至 2～3 厘米时，才可全部解绑。

为保证营养能集中供应给接穗，应及时剥除砧木上的萌芽，可多次进行，根蘖由基部剪除。

参考文献

曹春英，丁雪珍．2009．农业生物技术．北京：高等教育出版社．

曹春英．2010．花卉栽培．北京：中国农业出版社．

王丽勉，金炳胜．2005．花卉穴盘苗生产主要技术及标准．中国花卉园艺．

单元自测

1. 花卉组培快繁的方法和步骤有哪些？
2. 花卉组培快繁的流程如何？
3. 穴盘育苗的操作步骤有哪些？
4. 扦插繁殖有哪些类型？操作技术要点有哪些？
5. 嫁接繁殖有哪些方法？如何选择砧木和接穗？

技能训练指导

花卉快速繁殖培养基的制备

（一）目的和要求

按培养基配方准确称量；按照步骤进行培养基的制备；熟练分装培养基；正确捆扎培养瓶封口膜，并做好标记；按照操作步骤规范使用高压灭菌锅消毒。

（二）材料和工具

材料用具：烧杯、量筒、蒸馏水、各种母液、标签纸、培养瓶、不锈钢锅、琼脂、蔗糖、精密 pH 试纸、封口材料、线绳、乳胶管等。

仪器设备：天平、冰箱、电磁炉、高压蒸汽灭菌器等。

场地：植物组培快繁实训室。

（三）实训方法

1. 配制培养基。①根据培养对象、培养目的等，确定培养基配方。依据外植体的数量和试验处理的多少确定培养基的用量。②用托盘天平称取琼脂、蔗糖。③量取纯净水放入加热容器，并加入称量好的琼脂和蔗糖，熬制培养基。④计算母液的取用量。⑤根据计算出的母液用量，按大量元素、微量元素、铁盐、有机成分、植物激素的顺序将母液取出、混合。⑥将母液混合液加入到琼脂完全融化的培养基中，搅拌混匀，并加水定容到所需体积。⑦用酸度计或精密 pH 试纸测试培养基溶液的 pH，达到配方要求值。

2. 培养基的分装与包扎。①用乳胶管把配制好的培养基趁热分装到培养瓶中。②用合适的封口材料和线绳包扎。③封装好的培养基做好标记放到高压灭菌锅中准备灭菌。

3. 培养基的高压灭菌与存放。①加水：灭菌锅加水至淹没电热丝（或高低水位线之间）。②装锅：将培养瓶及培养器械放入高压灭菌锅。③密封：封闭高压灭菌锅各出气口。④加压：接通电源加压。⑤排气：断开电源，打开排气阀排气。⑥稳压：接通电源，继续加压。⑦降压：稳压时间到，关闭电源自然冷却降压。⑧出锅：开锅后取出培养基冷却，储存于 37℃培养箱中培养，经 24 小时无杂菌生长，可保存备用。

4. 注意事项。①培养基熬制时边煮边搅拌，防止煳底。用旺火煮开，再用文火加热，直至琼脂全部融化。②配制培养基一定按母液顺序依次加入。③熬制培养基过程中，先放入难溶解的琼脂及有机附加物（马铃薯、香蕉等），最后加入药剂混合液，因混合液中的有机物遇热时间长易分解失效。④多数植物适宜的 pH 在 5.6～6.5，而培养基经高压灭菌 pH 一般会降低 0.2～0.3 个单位，故调节 pH 时应比选定 pH 提高 0.2～0.3 个单位。⑤分装培养基时，注意不能将培养基溶液喷洒到瓶壁口处，容易落菌污染。⑥灭菌过程中须完全排除锅内冷水气，使锅内全部是热水蒸气，灭菌才能彻底。⑦培养基灭菌严格按要求时间进行，如超过时间，培养基成分发生变化易失效。

⑧培养基灭菌后，立即取出摆平冷却。取出过晚凝固差，影响接种转苗质量。

（四）实训报告

培养基制备的工艺流程。

　　将花卉栽植于花盆的生产栽培方式，称花卉盆栽。花卉盆栽是我国花卉产业的主要生产部分，其在岭南、闽南、江浙地区已有相当大的产业，如中国兰花、蝴蝶兰、大花蕙兰、丽格海棠、火鹤花、猪笼草、仙客来、报春花、杜鹃花以及观叶植物等，"南花北调"已是花卉市场销售热点。盆栽花卉在北方的冬季必须进温室保护栽培，也称温室花卉。近几年，山东、河北、北京郊区已应用日光温室，调节冬季的温度，降低了加温栽培的成本，提高了花卉盆栽生产的经济效益。

小常识

花卉盆栽的特点

　　（1）花卉盆栽小巧玲珑，花冠紧凑，有利于搬移，可随时布置室内外的花卉装饰。

　　（2）花卉盆栽能及时调节市场，南北东西方相互调用，提高市场的占有率。

　　（3）花卉盆栽能多年生栽培，可连续多年观赏。

　　（4）花卉盆栽对温度、光照要求严格，北方冬季需保护栽培，夏季需遮阳栽培。

（5）花卉盆栽花盆体积小，盆土及营养面积有限，必须配制培养土栽培。

（6）花卉盆栽条件可人为控制，要求栽培技术严格、细致，有利于促成栽培和抑制栽培。

1 盆栽花卉基本生产技术

■ 培养土配置

盆栽花卉是花盆栽培，花盆容量限制了根的伸展，所以对培养土的要求严格，不能单纯使用田园土栽培。由于盆栽花卉种类多，对盆栽培养土也有一定的选择。

（一）培养土的基本要求

花卉种类多，与它们生理特性相适应的盆土，变化也是很多的。一般花卉盆土：团粒结构良好、营养丰富、疏松通气、能排水保水、腐殖质丰富、不含病虫卵和杂草种子、酸碱度符合花卉生长要求。

1. 团粒结构良好，疏松透气，排水保水。 盆土的团粒结构，就是腐殖质土粘着矿物质土，形成团粒结构。团粒内部有毛细管孔隙，可蓄水保肥，团粒之间又有较大的空隙，可以排水透气，使团粒结构良好的盆土结构合理，水、肥、气三者相互协调。如果团粒结构不良，盆土就会黏重、板结，或者成粉末状阻塞孔隙，使水、气流畅不通，造成根部腐烂或干枯。为了使盆土结构良好，要在栽培土中掺入一定的沙、砻糠或炉渣灰，并要过筛，筛去一部分粉末状细土，浇水后表土不结皮，干燥不龟裂。

2. 腐殖质丰富，肥效持久。 腐殖质是动植物残体及排泄物经腐败变化后的有机物质。腐殖质含量丰富，在根系和微生物的共同作用下，分解出植物需要的各种营养元素，供植物吸收。腐殖质要充分腐熟，不能有恶臭味，能源源不断地供应养分，这样的盆土，肥效才能持久。

3. 酸碱度要适宜。不同的花卉，对土壤酸碱度的要求不同。一般的培养土，呈中性或微酸性，适宜大多数花卉的生长要求。有的花卉适宜于酸性土壤，必须配制酸性培养土，否则影响花卉的营养吸收。

（二）配制方法

培养土的配制，是将各种自然土料按照花卉生长的需求、营养比例进行调和、配制，使盆土透气、透水，又使养分中的氮、磷、钾及微量元素比例合理，以保证盆栽花卉的正常生长发育。

1. 普通培养土配制。普通培养土是花卉盆栽必备的土，它用于多种花卉栽培，其土料配制基本比例见表5-1。

表5-1　盆花用普通培养土土料比例

单位:%

类　别	土 料 比 例			合　计
土　类	田园土　25	河沙或面沙15	炉渣灰　10	50
腐殖质	草炭土　10	发酵木屑　10	腐叶土　10	30
肥　料	鸡鸭粪　17	草木灰　2	过磷酸钙或石灰　1	20

在配制培养土时，先将土类和肥料充分混合，然后和腐殖质分层堆积起来，从堆顶把水浇透，经半年或一年时间，再把土堆翻开，反复翻倒两遍，过筛备用。

2. 各类花卉培养土配制。见表5-2。

表5-2　各类花卉培养土土料配制比例

花卉种类	土料比例（%）								pH
	田园土	河沙	草炭土	腐叶	木屑	鸡粪	饼肥	马粪	
草花	50	10	10	10	10		10		6.5～7
观叶植物	40	10		20	10		10		6.5～7
宿根、球根花卉	40	10	10	10	10	10	10		6.5～7

（续）

花卉种类	土料比例（%）								pH
	田园土	河沙	草炭土	腐叶	木屑	鸡粪	饼肥	马粪	
君子兰		20	20	10	20	10		20	6.5
杜鹃花			20	50	10	10		10	4～5
茶花、金橘	20	20	20	20		10		10	5～5.5
月季花	40	20		10	10	10	10		6.5
仙人掌	20	30	10		20	10	10		6～7
兰花		10	30	20	10	5	5	20	4～5

（三）消毒

培养土力求清洁，因土壤中常存有病菌孢子、虫卵及杂草种子，培养土配制后，要经消毒才能使用。消毒的方法有三种：

1. 日光消毒。将配制好的培养土薄薄地摊在清洁的水泥地面上，暴晒 2 天，用紫外线消毒，第 3 天加盖塑料薄膜提高盆土的温度，可杀死虫卵。这种消毒方法不严格，但有益的微生物和共生菌仍留在土壤中。兰花培养土多用此方法。

2. 加热消毒。盆土的加热消毒有蒸气、炒土、高压加热等方法。只要加热至 80℃，连续 30 分钟，就能杀死虫卵和杂草种子。如加热过高或时间过长，容易杀灭有益微生物，影响它的分解能力。

3. 药物消毒。药物消毒主要用 5% 福尔马林溶液、5% 高锰酸钾溶液。将配制的盆土摊在洁净地面上，每摊 1 层土就喷 1 遍药，最后用塑料薄膜覆盖严密，密封 48 小时后晾开，等气体挥发后再上盆。

■ 上盆、换盆与翻盆、转盆

（一）上盆

在盆花栽培中，将花苗从苗床或育苗器皿中取出移入花盆中的过程称上盆。上盆时要做到：花盆大小要合适，做到小苗栽小盆，大苗栽大盆。小苗栽大盆既浪费土又造成"老小苗"；因花卉种类不同而选用合适的花盆，根系深的花卉要用深筒花盆，不耐水湿的花卉用大水孔的花盆；新盆要"退火"，新使用的瓦盆先浸水，让盆壁气孔充分吸水后再上盆栽苗，如不"退火"往往使花卉根系被倒吸水分而使花苗萎蔫死亡；旧盆要洗净，旧盆重新用时应洗净晒干再用，以减少病虫的侵染。

上盆的过程：盆底平垫瓦片，下铺1层粗粒河沙，再加入培养土，栽苗立中央，固定好，盆土加至离盆口5厘米处，留出浇水空间。栽苗后用喷壶洒水或浸盆法供水。栽大苗时常要喷2次水，以使干土吸足水分。

（二）换盆与翻盆

花苗在花盆中生长了一段时间以后，植株长大，需将花苗脱出换栽入较大的花盆中，这个过程称换盆。花苗植株虽未长大，但因盆土板结、养分不足等原因，需将花苗脱出修整根系，重换培养土，增施基肥，再栽回原盆（或同样大小的新盆），这个过程称翻盆。

各类花卉盆栽过程均应换盆或翻盆。如一二年生草花从小苗至成苗应换盆2~3次；宿根、球根花卉成苗后1年换盆1次；木本花卉小苗每年换盆1次；木本花卉大苗2~3年换盆或翻盆1次。

换盆或翻盆的时间多在春季。多年生花卉和木本花卉也可在秋冬停止生长时进行；观叶植物宜在空气湿度较大的春夏季进行；观花花卉除花期外不宜换盆，其他时间均可进行。换盆时需加入一些培养土或加施基肥，老植株需修整根系。

（三）转盆

在光线强弱不均的花场或日光温室中盆栽花卉时，因花苗向光性的作用而偏方生长，以至生长不良或降低观赏效果。所以在这些场所盆栽花卉时应经常转动花盆的方位，这个过程称转盆。有些花卉（仙客来、瓜叶菊、杜鹃花、茶花）如果不经常转盆，就会出现枯叶、偏头甚至死苗现象。

■ 浇水

（一）浇水原则

盆花浇水的原则是"见干见湿，间干间湿，不干不浇，浇必浇透"。目的是既使盆花根系吸收到水分，又使盆土有充足的氧气。此外，还应根据花卉的不同种类、不同生育期和不同生长季节而采取不同的浇水措施。有些花卉（喜阴湿的天南星科和蕨类植物）对水分要求较高，栽培过程"宁湿勿干"；有些花卉（多浆花卉）则应"宁干勿湿"；有些花卉（兰花）要求有较高的空气湿度，盆栽场地应经常向地面或空间喷、洒水。花卉的幼苗期需水量较少，应少水勤浇；旺盛生长期消耗水量大，应浇透水；现蕾到盛花期应有充足的水分；开花时不应向花朵上喷水；结实期或休眠期则应减少浇水或停止浇水。就季节而言，春季气温逐渐转暖，盆花浇水应逐渐增多，通常草本花卉每天浇水 1 次，木本花卉 2 天 1 次；夏秋天气炎热蒸发量大每天浇水 1～2 次；冬季气温低减少浇水量或不浇水。

（二）浇水方式

1. 浇水。用浇壶或水管放水淋浇盆土，这是最常用的浇水方式。要求浇到土中，渗透盆土。掌握"见干见湿"浇水原则。

2. 喷水。用喷壶或胶管喷枪向花苗植株和枝叶喷水雾的方式。喷水不但提供植株可吸收的水分，而且能起到提高空间湿度和冲洗灰尘的作用。一些花卉生长阶段要求土壤中水分不要太多，而枝叶表面则要求湿润，即可采用喷水而不用浇水。一些生长缓慢的花卉或在荫棚内养护树桩材料及热带、亚热带盆花等都以喷水为好。

3. 找水。在花场中寻找缺水的盆花进行浇水的方式称找水。如早晨浇过水后，中午 10～12 时检查，太干的盆花再找水 1 次，可避免过长时间失水对盆花造成伤害。

4. 放水。是指结合追肥对盆花加大浇水量的方式称放水。在傍晚施肥后，次日清晨应浇水 1 次。

5. **勒水**。对水分过多的盆花停止供水，并松盆土或将花脱出盆散发水分的措施称勒水。连阴久雨或平时浇水量过大时应勒水，以促进土壤通气，利于根系生长。

6. **扣水**。用湿润土上盆、换盆或翻盆，不再喷水，使盆花进行干旱锻炼的方式称扣水。翻盆换土时修根较重，不耐水湿的植物，可采用湿土上盆，不浇水，每天只对枝叶表面喷水，有利于土壤通气，促进根系生长。有时采取扣水措施以促进花芽分化，如梅花、叶了花等木本花卉。

2 观花花卉生产技术

■ 主要观花花卉生产

（一）大花君子兰

1. **形态特征**。石蒜科、君子兰属，多年生常绿草本。株高30～40厘米，根呈肉质。叶深绿油亮互生，呈宽带状，叶脉较清晰。花葶从叶丛中抽出，直立，一花葶上着生1～4簇伞房花序，数朵小花聚生排列。花萼开张6瓣，呈漏斗形，每个花序有小花7～30朵，花色由黄至橘黄色。浆果球形，初绿后红，内含种子1～6粒，种子百粒重80～90克。花期3～4月。

图5-1 君子兰

2. 品种选择。大花君子兰依品种不同，大致可分为凸显脉型、平显脉型和隐显脉型三种类型。同属栽培种有垂笑君子兰，叶片细窄，花葶直立，但花序不是直立向上，而是下垂似低头含笑，姿态优美含蓄，故名之。花期长达 30～50 天。

3. 生态习性。大花君子兰原产非洲南部，喜温暖凉爽的环境，不耐寒，忌高温酷暑，生长适温是 20～25℃，冬季室温低于 5℃时，生长就会受到抑制。怕日光曝晒，喜半阴。夏季高温时，大花君子兰则处于半休眠状态。要求土壤湿润、疏松并富含腐殖质，忌盐碱。

大花君子兰属于中光性植物，怕日光曝晒，喜半阴，生长过程中不需强光，尤其是夏季，切忌阳光直射。强光照射会缩短花期，影响观赏价值，弱光照则可延长花期。冬季缩短光照，花期可提早。

4. 繁殖技术。

（1）播种繁殖。大花君子兰开花期正值冬春季，又在室内，为得到种子需进行人工授粉。果实 8～9 月可以成熟，成熟时果实为暗红色，果实采后即播，一般 4～8 天后出苗。小苗长出 1～2 个叶片时，可栽植在直径 10 厘米的小盆中，以后根据情况每半年换 1 次较大的盆。2～3 年可以开花。

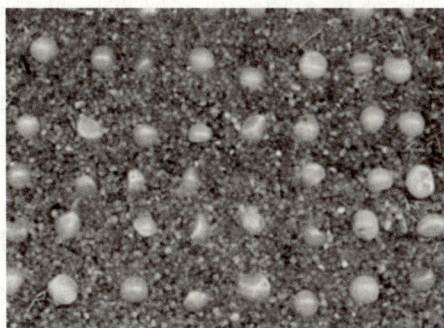

图 5-2　君子兰播种繁育

（2）分株繁殖。分株繁殖宜在 3～4 月换盆时进行，当母株基部产生的蘖芽长出 3～5 个叶片时，其下部已有根 2～3 条。这时将植株从盆中倒出，去掉培养土，露出根系和蘖芽。在芽的基部与母株相连的部分用利刀切开。稍晾干伤口，用不加基肥的培养土盆栽。伤口愈合后，按正常植株管理。分株繁殖宜在春季开花后气温不太高时进行。

5. 栽培技术。

（1）土壤管理。君子兰适宜用含腐殖质丰富的微酸性土壤栽培，用土为腐叶土5份、壤土2份、河沙2份、饼肥1份混合而成。栽培时用盆随植株生长逐渐加大，栽培一年生苗时，适用10厘米盆。第2年换16厘米盆，以后每过1～2年换入大一号的花盆，换盆可在春、秋两季进行。

（2）水分管理。君子兰具有较发达的肉质根，根内存蓄着一定的水分，经常注意盆土干湿情况，出现半干就要浇1次，但浇的量不宜多，需保持盆土湿润。

一般情况下，春天每天浇1次；夏季浇水，可用细喷水壶将叶面及周围地面一起浇，晴天每天浇2次；秋季隔天浇1次；冬季每星期浇1次或更少。但必须注意，这里指的是"一般情况"。必须随着各种不同的具体情况，灵活掌握。比如说，晴天要多浇；阴天要少浇，连续阴天则隔几天浇1次；雨天则不浇。气温高、空气干燥时1天要浇几次；花盆大的，因土内储水量大而不易风干，可少浇；花盆小，水分容易蒸发掉，则应适量多浇。花盆放置在通风好、容易蒸发的地方，宜适量多浇；通气差、蒸发慢、空气湿度大的地方则应少浇。苗期可以少浇；开花期需多浇。总之，要视具体情况而定，以保证盆土湿润，不要太干、太潮为原则。

6. 病虫害防治。

（1）枯萎病。发生部位为嫩叶尖端，症状由上向下发展，严重时整个叶片变黄枯萎。该病害主要是过量施肥或浇水而造成的生理病害。防治方法：肥量过量时换盆更土，根下垫一层细沙，盆土宜用疏松腐叶土，酸碱度以中性为宜。要控制水量，不得浇水过多。浇水过多时要马上控水，将黄叶摘除，植株仍能恢复正常生长。

（2）叶斑病。叶斑病症状类型有两种，一是叶片上发生黄色的小斑点，病斑增大，直径可达3～5毫米，圆形，病斑蔓延一片，叶片枯黄；另一种是叶片上病斑大，形状无规则，黄褐色至灰褐色，稍有轮纹，后期病斑背面出现黑色小点。这些都是由于通风不良，介壳虫寄生，致使植株生长衰弱而发生的。防治方法：用0.5%高锰酸钾液涂抹病斑，或用50%多菌灵1 000倍液进行喷雾。若病害严重时，需摘去被害叶片，伤口用无菌脱脂棉吸干。

（3）细菌性腐烂病。该病害的发生是因机械损伤或介壳虫的危害造成病菌侵入引起的，主要是叶鞘叶心。病斑呈水渍状，后变为褐色，病害部分有菌脓溢出。防治方法：切除腐烂部分，用脱脂棉吸干伤口，再用0.02%链霉素涂抹即可治愈。

（二）中国兰花

中国兰花指原产于我国的兰科兰属的植物。我国人民素有养兰、赏兰的传统，兰花有花闻香，无花赏叶，是叶、花俱佳的观赏花卉。

1. 形态特性。兰花为多年生草本植物。茎膨大而短缩，称为假鳞茎，其花、叶都长在假鳞茎上。根粗壮肥大，分枝少，有共生根菌。叶一般为带形、椭圆形或卵状椭圆形。花具花萼和花瓣各3个，花瓣中1个退化为唇瓣，果实为开裂的蒴果。

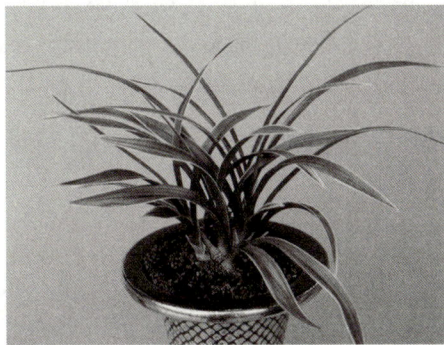

图5-3 中国兰花

2. 生态习性。兰花园艺栽培上主要为地生或附生。因具假鳞茎，耐旱力强，生长快，繁殖栽培较容易。地生兰多生于排水良好和较阴凉的土壤中，常见于林下砾石之间与腐殖质较多的地方，也有的生于岩石裂缝中，春兰、蕙兰为其典型代表。附生兰常常生长在老的、腐朽的树上或者有少量腐殖质的地方。地生兰和附生兰无严格的界限，存在着许多中间类型，如冬凤兰、兔耳兰等。

附生兰分布在比较温暖的地区，对温度要求高些。一般冬季温度白天应在12~16℃，夜间在8~12℃。地生兰一般要求较低的温度，白天10~12℃，夜间5~10℃。春兰与蕙兰是最耐寒的，冬季短期的积雪覆盖，对花毫无影响，在室温0~2℃也能安全越冬，冬季温度不能太高，温度过高反而对兰花生长不利。夏季30℃以上停止生长。

兰花对湿度要求较为严格，生长期要求相对湿度在60%~70%，冬季休眠期在50%左右，当然，不同的种类应有所区别。北方冬季室内有炉火或暖气加热时，空气比较干燥，对兰花生长不利，应在加热时同时考虑增湿，尤其对于原产于湿润地区的兰花，更应该注意。

兰花喜阴，冬季要求充足光照，夏季阳光太强，必须遮阴，一般中午要挡去阳光的70%左右。兰花比较耐干旱，它有假鳞茎储藏水分，叶有角质层和下陷气孔保水，根又能从空气中吸水。栽培基质要求疏松、通气排水良好。

3. 栽培设施。养兰园艺设施有兰室（温室）和兰棚（荫棚）。因兰花主要是盆栽，一般11月至翌年4月在温室内栽培，夏季可搬出温室在荫棚中养护。兰花因种类繁多，习性各异，对温室环境的要求也不尽相同。在生产中按温度高低把养兰温室划分为四类，即高温温室、中温温室、低温温室和冷室，各温室的温度、湿度要求见表5-3。高温温室可栽养附生类热带兰类；地生兰，如春兰、蕙兰可在冷室或低温温室中栽培。

表5-3　养兰温室的温度与湿度要求

温室种类	温　度（℃）			湿　度（%）		
	最低温度	最适温度	最高温度	最低湿度	最适湿度	最高湿度
高温温室	18	24	30	80	90	100
中温温室	12	18	20	70	80	90
低温温室	7	14	16	60	70	90
冷　室	0	7	10	50	60	80

对温室要求光照充足，冬季能充分照光；室内有喷雾设施或水池等，能调节空气湿度；室内要有通风设备，室顶装有可以自由调节的遮阴苇帘或遮阴网；要求有加热设备，最好用暖气加热，用煤炉或地炉加热注意勿污染室内环境；室内不宜铺水泥或砖，仅人行过道铺砖；室内应有植物台，可用木头或金属材料制成架子，使花盆离开地面，以免盆底排水孔堵塞，影响排水及通风。

在进行兰花种子繁殖或组织培养的温室，则温度要求高些，白天平均温度21～24℃，最高不超过30℃，夜间18℃，最低不低于15℃。

在北方，一年里几乎半年时间兰花都需要在兰棚中生长，所以兰棚是养兰必要的设施。要求兰棚的遮光度应是可以调节的，早晚打开，中午可适当遮阴，不同月份遮光度也是变化的，应可以随时调节。棚内设喷雾设备。

4. 繁殖技术。 兰花的繁殖方法主要有分株、播种和组织培养三种方法，在生产上主要用分株法和组织培养进行繁殖。

（1）分株繁殖。分株繁殖一般在休眠期进行，即在新芽未出土、新根未生长前。夏秋开花的在早春（2～3月）分株；早春开花的种类，则在花后或秋末分株。

分株时在假鳞茎之间寻找空隙较大的地方，即在俗称"马路"的地方用剪刀剪开，注意剪口要平，勿撕裂伤口，以防感染病害。剪去烂根枯叶，经过消毒，即可上盆。分株时注意每丛新株至少要有3个假鳞茎，附生兰应有4个假鳞茎，以保证成活，分株虽简单易行，但繁殖系数低，兰花一般2～3年才可分株，而且成活率不高。

（2）组织培养。繁殖兰属的组织培养一般用芽做外植体，在MS培养基上培养4～6周，形成原球状，把原球体再分为4份，经1～2个月又可分化出新的原球体，如此几个月内就可得到大量的原球体。把原球体放在液体培养基上进行旋转培养，此后转移到分化培养基上让它分化出根和芽，分化后的植株经过一段时间的培养，即可移植进温室培养。

5. 栽培技术。

（1）栽植。良好的基质是盆栽兰花的首要条件，它的组成影响根部水、气平衡。由于各地养兰的环境不同、经验不同而千差万别,但基质的总体要求是含有大量腐殖质、疏松透气、排水良好、中性或微酸性、无病菌和害虫及虫卵。基质配制参考表5-4。

表5-4 不同兰花基质配制比例

单位:%

材料	春兰	蕙兰	建兰	寒兰	墨兰	兔耳兰
腐叶土	70	60	70	40	50	60
朽木渣	20	20	15	40	30	25
羊肝石	10	20	15	20	20	15

在国外栽培地生兰一般用腐殖土或腐叶土5份加河沙1份;或用泥炭土3份加河沙1份,掺入碎干牛粪1份,充分混合后使用。

兰花上盆的操作基本程序同其他花卉,也有不同之处。

对兰花新苗应先囤放20天左右再上盆,植株易成活开花;对多年生兰栽前应剪去残花、枯叶、病叶和腐朽干枯的假鳞茎。对于腐烂的根、空根、断根也应剪除,但勿伤及芽及根尖。修剪好的兰根,用甲基托布津加800倍水浸泡10~15分钟,冲洗后在阴凉通风处晾干,使兰根变软再进行栽植。盆底排水物应占盆的1/3~1/2,盆内填土深度应因兰而异,春兰宜浅,蕙兰宜深,一般以不埋及假鳞茎上的叶基为度。栽好后在土面上铺一层小石粒或水苔,既有利于美观又可保护叶面不被泥水污染。浸盆法浇水,上盆后应在阴凉处缓苗一周。

(2)温度管理。不同种类兰花在不同生长发育阶段对温度的要求不同:种子发芽温度为白天21~25℃,夜间15~18℃;热带兰幼苗所需温度白天23~30℃,夜间18~21℃;附生兰成长植株所需温度白天23~27℃,夜间18~21℃;地生兰成长植株所需温度白天20~25℃,夜间3~5℃。在冬季兰花休眠期,温度可适当降低,如春兰和蕙兰冬季最低温为5~6℃,但降到0℃或-3~-2℃也无妨,但室内要保持干燥些。

温度的调节主要是冬季防寒,夏季防暑。同时温度调节也可催延花期,如温室内春兰花期比野生兰提早20~35天。

冬季根据气温和所种兰花种类通过白天增加光照、夜晚用草苫或防寒毡保温，温度过低，可采用暖气加热。晴天中午，温度过高时应打开门窗通风，也可用电风扇吹风，有时把竹帘挂在温室一侧，不断往上洒水，然后用风扇吹，既可降温又可增湿。夏天荫棚内主要靠遮阴来降低温度，也可通过洒水降温。

（3）湿度管理。兰花喜湿，在高湿通风时生长健壮，但在低温又不通风的环境中，水汽会凝结成水滴，对新芽有害，而且易发生病虫害，故应避免低温高湿。

（4）光照调节。光照对兰花生长发育的影响：延长光照时间至14～16小时，可以促进小苗及中等植株开花，对成熟兰株光照时间超过8小时才可促进开花。在栽培中，有花蕾的兰花，要促其开花，可适当延长光照和增加温度，在室内用100瓦的灯泡，一般可提高3～5℃，这样经一夜即可开花。

兰花的需光量一般可分为三类：轻微遮阴的兰花，需遮去日光照度的70%～80%；中度遮阴兰花，需遮去日光照度的80%～85%；重遮阴兰花，需遮去日光照度的85%～90%。生产中可采用不同遮阴率的遮阴网进行光照调节，夏季可利用荫棚遮阴栽培。

（5）通风。要使兰花生长良好，栽培设施中的通风占有重要的地位。通风可促进兰花的新陈代谢，可以调节温度、湿度，还可防止病虫害的发生。在栽培中可通过开启门、窗，室内设环流风机、抽气机或排风扇等方法加强通风。通风时注意风不宜过大、过弱，更不能使冷空气直接穿过温室，尤其夜间过堂风会对兰花幼芽造成损害。柔风、和风对兰花有益。

（6）水分管理。兰花用水以不含矿质的软水为好，pH5.5～6.0，最好是雨水和雪水，自来水储放24小时以上，最好暴晒，使漂白粉沉淀后再调pH为5.5～6.0后应用。

兰花的浇水与大多数盆花不同，"喜润而畏湿，喜干而畏燥"，浇水的次数因季节不同而异，在3～4月一般每2～3天浇水1次，或每天少量浇1次；5～6月每天浇水；7～9月每天早晚充分浇水1次；10～11月每天浇水1次；12月至翌年4～5月每天浇水1次，冬季对温室加温，空气过于干燥应每天都浇少量水，浇水时应以水温与室温相同为宜。

兰花浇水可采用水壶浇水、喷水和浸水三种方法。水壶浇水容易控制浇水量，也可以避免迎头浇水，是常用的浇水方法；喷水可利用自动喷雾设施，既可以增加室内的空气湿度，又可冲洗叶片，是兰花生长季节常用的浇水办法；浸水法则是将兰盆放入水中或放在有水的托盘中，使水由盆底和盆壁慢慢浸入。但应注意浸水不能太久，以表面土湿润为宜。

（7）施肥技术。通常兰花每年都需换盆、换土，若盆土中的养分足够当年生长可以不必追肥。如果几年换 1 次盆就需追肥。兰花常用肥料有牛粪、羊粪、豆饼、麻酱等有机肥。施用前必须充分腐熟和消毒灭菌，也可用硫酸钾、硫酸铵、过磷酸钙等化肥做追肥。兰花施肥应掌握"宜勤而淡，切忌骤而厚"。化肥可用水溶解直接浇入根部，也可采用叶面施肥，常用作根外追肥的化肥为磷酸二氢钾或尿素，浓度为 0.1%～0.2%。有机肥做基肥，也可配成溶液做追肥浇入根部，注意勿施到叶面上，以免引起肥害。

兰花在营养生长时期应注意稍多施氮肥，生殖生长期多施磷钾肥。一般春兰、蕙兰和建兰在 5 月上旬开始施肥，炎热夏季以及 12 月至翌年 2 月初不施肥。一般开花前后不宜施肥，空气湿度过大时不追肥，因湿度大，水分不蒸发，根部不易吸收肥料。气温高于 30℃时不追肥，因水分蒸发快，残留的肥料浓度增加，有可能发生肥害。休眠或半休眠（一般品种温度低于 15℃）时不施肥。

6. 病虫害防治。 兰花发生病虫害大多是由于通风不良，日照不足，基质过干、过湿或积水，高温闷热，低温等不良的栽培环境所引起的。所以只要重视预防和正确合理地管理则可消除病虫害，即使受害也会很轻。

（三）蝴蝶兰

1. 形态特征。 蝴蝶兰，别名蝶兰，属兰科蝴蝶兰属，为附生类植物，原产热带，主要是以发达的根系固着在林中的树干或岩石上，通常气生根为白色，而暴露在阳光下的根系呈绿褐色。蝴蝶兰为单轴类兰花，茎短而肥厚，没有假鳞茎，也没有匍匐茎。顶部为生长点，每年生长时期从顶部长出新叶片，下部老叶片枯黄脱落。叶片为长椭圆状，肥厚多肉。根从节部长出来。从叶腋间抽生花序，每个花序可开花七八朵，多则十几朵，依次绽放像蝴蝶似的花，可连续观赏六七十天。每花均有 5 萼，中间镶嵌唇瓣。花色鲜艳夺目，常见的有白色、紫红色，也有黄色、微绿色或花瓣上带有紫红色条纹者。花期2～4月。

图 5-4 蝴蝶兰

2. 生态习性。蝴蝶兰喜温暖，畏寒，栽培白天最适温度为25～28℃，夜温为 18～20℃。开花最适温为 28～32℃，忌温度骤变。喜潮湿半阴环境，忌强光照射。夏季遮阴量为 60%，秋季为 40%，冬季为20%～40%。空气相对湿度保持在 70%～80%。

3. 繁殖技术。蝴蝶兰可通过无菌播种、组织培养和分株等技术繁殖。

蝴蝶兰经过人工授粉得到种子后采用无菌播种的技术可得到大批量的种苗。蝴蝶兰组织培养技术是将灭菌茎段接种在相关培养基上，经试管育成幼苗移栽，大约经过 2 年便可开花。分株是利用成熟株长出分枝或株芽，待长到有 2～3 条小根时，可切下单独栽种。

4. 栽培技术。

（1）选盆。大规模生产蝴蝶兰主要用盆栽，要求透气性要好，多孔盆为好，宜用浅盆。一般用特制的素烧盆或塑料盆。

图 5-5　蝴蝶兰生产

（2）上盆与换盆。盆栽蝴蝶兰的基质要求排水和通气良好。一般多用苔藓、蕨根、蛇木块、椰糠、蛭石等材料，而以苔藓或蕨根为好。用苔藓盆栽时，盆下部要填充煤渣、碎砖块、盆片等粗粒状的排水物。将苔藓用水浸透，用手将多余的水挤干，松散地包裹在幼苗的根部，苔藓的体积约为花盆体积的 1.3 倍，然后将幼苗及苔藓轻压栽入盆中，注意不可将苔藓压得过紧。

蝴蝶兰属多年生附生植物，栽培过程中要及时换盆。一般用苔藓栽植的蝴蝶兰每年换盆 1 次。换盆的最佳时期是春末夏初之间，花期刚过，新根开始生长时。换盆时温度以 20℃ 以上为宜，温度低的环境一定不能换盆。蝴蝶兰的小苗生长很快，一般春季种在小盆中的试管苗，到夏季就要换大一号的盆，以后随着苗株的生长情况再逐渐换大一号的盆，切忌小苗直接栽在大盆中。小苗换盆时为避免伤根，不必将原植株根部的基质去掉，只需将根的周围再包上一层苔藓，栽到大一号的盆中即可。生长良好的幼苗 4～6 个月换 1 次盆。新换盆的小苗在 2 周内需放在荫蔽处，不能施肥，只能喷水或适当浇水。蝴蝶兰的成苗每年换 1 次盆，换盆时先将幼苗从盆中扣出，用镊子把根系周围的旧基质去掉，用剪刀剪去枯死老根和部分茎干，再用新基质将根均匀包起来，栽在盆中。

（3）温度管理。蝴蝶兰生产栽培中要求比较高的温度，白天25～28℃，夜间 18～20℃ 为最适生长温度，在这种温度环境中，蝴蝶兰几乎全年都处于生长状态。在春季开花时期，温度要适当低一些，这样可使花期延长，但不能低于15℃，否则花瓣上易产生锈斑。花后夏季温度保持28～30℃，加强通风，调节室温，避免温度过高，30℃以上的高温会促使其进入休眠状态，影响将来的花芽分化。

蝴蝶兰对低温特别敏感，长时间处于15℃的温度环境会停止生长，叶片发黄、生黑斑脱落，极限最低温度为10～12℃。

（4）光照管理。蝴蝶兰生产栽培忌阳光直射，喜欢庇荫和散射光的环境，春、夏、秋三季应给予良好的遮阴条件。通常用遮阳网、竹帘或苇席遮阴。当然，光线太弱也会使植株生长纤弱，易得病。如春季阴雨天过多，晚上要用日光灯管给予适当加光，以利日后开花。

（5）水分管理。蝴蝶兰根部忌积水，喜通风干燥，如果盆内积水过多，易引起根系腐烂。一般应看到盆内的栽培基质已变干，盆面呈白色时再浇水。盆栽基质不同，浇水间隔时间也不相同。通常以苔藓做栽培基质的，可以间隔数日浇水1次，而蕨根、树皮块等做基质时则每日浇水1次。还有其他因素也影响浇水，如高温时多浇水，生长旺盛时多浇水，温度降至15℃以下时要控水，冬季应适时浇水，刚换盆或新栽植株应相对保持干燥，少浇水，这样会促进新根萌发。花芽分化期需水较多，应及时浇水。晚上浇水时注意不要让叶心积水。

蝴蝶兰需要潮湿的环境，一般来说全年均需保持70%～80%的相对湿度。在气候干旱的时候，可采取向地面、台架、暖气洒水或向植物叶片喷水来增加室内湿度。有条件的可安装喷雾设施。当温度低于18℃时，要降低空气湿度，否则湿度太大易引发病害。

（6）施肥。蝴蝶兰生长迅速，需肥量较大，施肥的原则是少量多次，薄肥勤施。春天少量施肥；开花期完全停止施肥；换盆后新根未长出之前，不能施肥；花期过后，新根和新芽开始生长时再施以液体肥料，每周1次，用"花宝"液体肥稀释2 000倍喷洒在叶面和盆栽基质中。夏季高温期可适当停施2～3次。秋末植株生长渐慢，应减少施肥。冬季停止生长时不宜施肥。营养生长期以氮肥为主，进入生殖生长期，则以磷肥为主。

（7）花期管理。蝴蝶兰花芽形成主要受温度影响，短日照和及早停止施肥有助于花茎的出现。通常保持温度 20℃ 2 个月，以后将温度降至 18℃ 以下，约经一个半月即可开花。因蝴蝶兰花序较长，当花葶抽出时，要用支柱进行支撑，防止花茎折断。设立支架时要注意，不能一次性地把花茎固定好，而要分几次逐步进行。蝴蝶兰花朵的寿命较长，一般可达 10 天以上，整枝花的花期可达 2～3 个月。当花朵完全凋萎之后，一般要将花茎从基部剪掉，特别是小植株或组合在一起的栽培植株，不要让其 2 次开花。但对于有 5 片以上的健壮植株，可留下花茎下部 3～4 节进行缩剪，日后会从最上节抽出 2 次花茎，开 2 次花。

另外，蝴蝶兰喜通风良好的环境，忌闷热。通风不良易会引起腐烂，且生长不良。在设施栽培中最好有专用的通风设备。可采用自然通风和强制通风两种形式。自然通风是利用温室顶部和侧面设置的通风窗通风，强制通风是在温室的一侧安装风机，另一侧装湿帘，把通风和室内降温结合起来。

5. 病虫害防治。蝴蝶兰对病虫害的抵抗力较弱，经常会发生叶斑病和软腐病等，可采用农药百菌清或达仙 1 000 倍液喷洒，每隔 7～8天 1 次，连续 3 次，有良好的防治效果。温度高时容易出现介壳虫，可用手或棉棒将虫除掉，并定期喷洒马拉松乳剂。对蛞蝓，可放置药剂诱杀，或在晚上等蛞蝓出来活动时人工捕捉。

（四）大花蕙兰

1. 形态特征。大花蕙兰，别名虎头兰、西姆比兰，属兰科兰属，附生类植物，常呈大丛状附生于原产地的树干和岩石上。假鳞茎粗壮，长椭圆形，稍扁。叶片带形革质，长 70～90 厘米，宽 2～3 厘米，浅绿色，有光泽。花茎直立或稍弯曲，长 40～90 厘米，有花 6～12朵或更多。花大型，淡黄绿色，花瓣较小，花瓣及萼片茎部有紫红色小斑点，唇瓣分裂，黄色，有紫红色斑。花期 11 月至翌年 4 月。

2. 生态习性。大花蕙兰生长的适宜温度为 10～25℃。花芽分化温度十分严格，白天 25℃，夜间 15℃，越冬温度不宜高，夜间 10℃

左右比较合适。花芽耐低温能力较差，若温度太低，花及花芽会变黑腐烂，再低则植株会受到寒害。若夜间温度高至20℃，虽叶丛繁茂，但花芽枯黄不开花。

大花蕙兰对水质要求较高，喜微酸性水，pH 5.4～6.0。大花蕙兰对水中的钙、镁离子比较敏感，最好能用雨水浇灌。大花蕙兰喜较高的空气湿度，最适宜的湿度为60%～70%，湿度太低会使其生长不良，根系生长缓慢，叶厚窄小，叶色偏黄。大花蕙

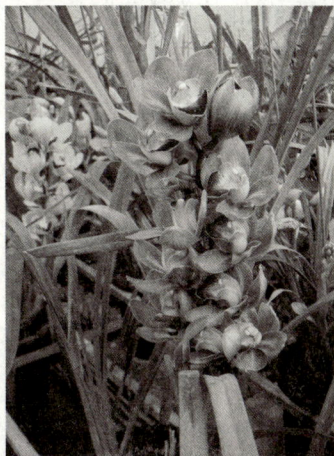

图5-6　大花蕙兰

兰稍喜光，喜半阴的散射光环境，忌日光直射。但过度的遮阴会使植株生长纤弱，影响花芽分化，减少花量。大花蕙兰要求湿润、腐殖质丰富的微酸性土壤。

3. 繁殖技术。大花蕙兰一般采用分株繁殖。分株适宜时间在花后，新芽未长大前，这时正值短暂的休眠期，分株前使基质应适当干燥，根略发白、绵软。小心操作，使兰株从原盆中脱出，要抓住没有嫩芽的假鳞茎，避免碰伤新芽。剪除枯黄的叶片、过老的鳞茎和已腐烂的老根，用消过毒的利刀将假鳞茎切开，每丛苗应带有2～3枚假鳞茎，其中1枚必须是前一年新形成的，伤口涂硫黄粉，干燥1～2天后单独上盆，如太干时可向叶面及盆面喷少量的水。

大量繁殖和生产采用茎尖的组织培养方法。若种苗不足，也可将换盆时舍弃的老兰头保留下来，剪除枯叶和老根，重新加以培植，不久就能萌发新芽，长成幼苗。

4. 栽培技术。

（1）上盆与换盆。栽植大花蕙兰的容器可选用四壁多孔的陶质花盆或塑料盆。花盆要摆放在花架上，放在地面上会引起病菌感染，放在水泥地上会因反射热使植株受到伤害。栽培基质可采用泥炭藓1份、蕨根2份混合使用，也可用直径1.5～2厘米的树皮块、碎砖、

木炭或碎瓦片等粒状物。一般盆栽大花蕙兰常用 15～20 厘米的高筒花盆，每盆栽 2～4 株。

大花蕙兰植株生长旺盛，根群粗而多，如果假鳞茎已长满整个盆面，就要换大一号的盆了，以免根部纠结。通常在 5 月上旬进行分株换盆。

图 5-7　大花蕙兰生产

（2）温度管理。大花蕙兰喜冬季温暖和夏季凉爽，生长适宜温度为 10～25℃。在冬季，保持 10℃ 左右的温度比较有利。这时叶片会呈绿色，花芽生长发育正常，花葶正常伸长，在 2～3 月开花。如果温度低于 5℃，则叶片呈黄色，花芽不生长，花期会推迟到 4～5 月，而且花葶不伸长，影响开花质量。如果温度在 15℃ 左右，花芽会突然伸长，1～2 月开花，花葶柔软不能直立。如果夜间温度高达 20℃，则叶丛生长繁茂，但影响开花，形成花蕾也会枯黄。总之，大花蕙兰花芽形成、花葶抽出和开花，都要求较大的昼夜温差，当花芽伸出之后，一定要注意夜间把花盆放到低于 15℃ 的地方，否则会使花蕾脱落。

（3）光照管理。大花蕙兰是兰科植物中比较喜光的一类，充足的光照有利于叶片生长，形成花芽和开花，但不宜强光直射。过多的遮阴，会使叶片细长而薄，不能直立，假鳞茎变小，容易生病，影响开花。一般盛夏需遮光 50%～60%，秋季可稍遮些，冬季温室栽培一般不遮光。

（4）水肥管理。大花蕙兰比较喜水，怕干不怕湿，高的空气湿度和植料微湿的水分最适合它的生长要求，忌根部极端干燥。对水质要求比较高，喜微酸性水，对水中的钙、镁离子比较敏感，以雨水浇灌最为理想。浇水应由植株、植料、天气等因素来决定，植料干了才浇水，浇则浇透。在盆中植料湿润不需浇水时，可在早、晚给叶片喷一些水，以增加空气湿度。冬季温室加温后，夜间室内湿度会较低，应设法增加室内的湿度。开花后有短时间的休眠，要少浇水。春、夏生长旺盛，要保持水分充足。

大花蕙兰植株大，生长繁茂，需要肥料比较多，浓度要低，常供应。生长期可每1～2周施肥1次，使假鳞茎充实肥大，促使花芽分化，多开花。可置缓效肥料于植料中，同时每周施液体肥料1次，氮磷钾的比例为：小苗2：1：2，中苗1：1：1，大苗1：2：2。在花期前半年应停止施氮肥，以促进植株从营养生长转向生殖生长。

（5）疏芽技术。春季，新芽不断生长，会消耗一定的养分，将来影响开花的时间和花的数量及质量，单芽生长比多芽生长效果更佳，开花更有保障。因此，鳞茎中只保留一个叶芽，其余的芽都要摘除。夏季，已经有花芽出现，由于天气炎热，大部分花芽会禁不住高温而夭折。疏芽时要注意丰满膨大的鳞芽是花芽，千万不要将它们疏掉。稍显干瘪的是叶芽，一个鳞芽内以一个叶芽为基准，其余的都摘除。秋季对鳞茎上发出的多余叶芽也要进行摘除。

（6）花期管理。大花蕙兰通常在11月份就会伸出花茎，当花茎长到20厘米长时，要设置花茎支柱。因为这时的花茎特别容易折断，所以在设置支柱时要格外小心，不要靠得太近，绑扎叶不能太紧。支柱与花茎之间用简易8字结固定，这样不会影响花茎的生长。所打的简易8字结要根据花茎的生长速度及时调整。

5. 病虫害防治。大花蕙兰常见病虫害有介壳虫、红蜘蛛和蜗牛，前两者可用80％敌敌畏乳油1 000倍液喷杀，后者可在台架及花盆上喷洒敌百虫或用敌百虫毒饵诱杀。

▅ 盆花花期调控技术

盆花花期调控技术是指采用人为措施，使盆花提前或延后开花的技术，又称催延花期。盆花花期调控目的是根据市场或应用需求按时提供产品，以丰富节日或日常的需要，如国庆、春节各地展出的各种不时之花，集春夏秋冬各花开放于一时，极大地增强了节日气氛。同时，人工调控花期，由于准确安排栽培时间和生产程序，可缩短生产周期，加速土地周转率，准时供应还可以获得有利的市场。

盆花花期调控的主要方法有：控制温度、调节光照等气候环境因子；调节土壤中水分或养分等栽培环境条件；使用生长调节物质、利用一些繁殖栽培修剪技术等辅助手段。

要实现花期调控，正确选择花卉非常重要，包括种类、品种。要充分了解所处理材料的生理特性、品种特点、生态习性，配合最好的栽培技术才能有效。

（一）温度处理

1. 提高温度。主要用于促进开花，提供花卉继续生长发育的温度，以便提前开花。特别是在冬春季节，天气寒冷，气温下降，大部分花卉生长变缓，在5℃以下，大部分花卉停止生长，进入休眠状态，部分热带花卉受到冻害。因此，提高温度阻止花卉进入休眠，防止热带花卉受冻害，是提早开花的主要措施，如瓜叶菊、牡丹、杜鹃、绣球化、金边瑞香等经过加温处理后，都能够提早开花。牡丹提早在春节开放，主要是采用加温的方法，利用足够的低温处理打破休眠的牡丹，在高温下栽培2个多月，即可在春节开花。

2. 低温冷藏。许多秋植球根花卉的种球，在完成营养生长和球根发育过程中，花芽分化已经完成，但这时把球根从土壤里起出晾干，如不经低温处理，这些种球不会开花或者开花质量差，难与经过低温处理的球根开花相媲美。可以说，秋植球根花卉，除了少数几个种可以不用低温处理能够正常开花外，绝大多数种类在花芽发育阶段必须经低温处理才能开花。这种低温处理种球的方法，常称为冷藏处理。在进行低温处理时，必须根据球根花卉种类和处理目的来选择最适低温。确定冷藏温度之后，除了在冷藏期间连续保持同一温度外，还要注意放入和取出时逐渐降低温度，或者逐渐提升温度。如果在4℃低温条件下冷藏了2个月的种球，取出后立即放到25℃的高温环境中或立即种到高温地里，由于温度条件急剧变化，引起种球内部生理紊乱，会严重影响其开花质量和花期。所以低温处理时，一般要经过 4～7 天逐步降温（每天降低 3～4℃），直至所需低温；在把已经完成低温处理的种球从冷藏库取出之前，也需要经过 3～5 天的逐步升温过程，才能保证低温处理种球的质量。

一些二年生或多年生草本花卉，花芽的形成需要低温春化，花芽的发育也要求在低温环境中完成，然后在高温环境中开花。对这样的植物，进冷库之前要选择生长健壮、没有病虫危害、已达到需要接受春化作用阶段的植株进行低温处理，否则难以达到预期目的。冷库处理的花卉植株，每隔几天要检查一次干湿情况，发现土壤干燥时要适当浇水。花卉在冷库中长时间没有光照，不能进行光合作用，势必会影响植株的生长发育。因此冷库中必须要安装照明设备。在冷库中接受低温处理的花卉植株，每天应当给予几小时的光照，尽可能减少长期黑暗给花卉带来的不良影响。初出冷库时，要将植株放在避风、避光、凉爽处，喷些水，使处理后的植株有一个过渡期，然后再逐渐加光照，浇水，精心管理，直至开花。

除了用冷库冷藏处理球根类花卉的种球外，还可以利用暖地高海拔山区的冷凉环境进行花期调控，无疑是一种低成本、易操作、能进行大规模批量调控花期的理想之地。由于大多数花卉在最适温度范围内，生长发育要求的昼夜温差较大，所以在这样的温度条件下，花卉生长迅速，病虫危害相对较少，有利于花芽分化、花芽发育以及休眠的打破，为花期调控降低大量的能耗，大大加强了花卉商品的竞争力。大规模的花卉生产企业，都十分重视高海拔花卉生产基地的选择。

3. 低温诱导休眠，延缓生长。利用低温诱导休眠的特性，一般用 2～4℃的低温冷藏处理球根花卉，大多数球根花卉的种球可长期储藏，推迟花期，在需要开花前取出进行促成栽培，即可达到目的。在低温环境条件下，花卉生长变缓慢，延长了发育期与花芽成熟过程，也就延迟了花期。

（二）光照处理

光照对开花调节既有质的作用，又有量的作用。光周期通过对成花诱导花芽分化、调控休眠等起到质的作用；光照强度则通过调节植株生长发育影响花期，起到量的作用。

1. 短日照处理。在长日照季节里，要使长日照花卉延迟开花，需要遮光；使短日照花卉提前开花也同样需要遮光。具体的遮光方法是，在日落前开始遮光，一直到次日日出后一段时间为止，用黑布或黑色塑料膜将光遮挡住，在花芽分化和花蕾形成过程中，人为地满足植物所需的日照时数，或者人为地减少植物花芽分化所需要的日照时数。由于遮光处理一般在夏季高温期进行，而短日植物开花被高温抑制的占多数，在高温下花的品质较差，因此短日照处理时，一定要控制暗室内的温度。遮光处理所需要的天数，因植物种类不同而异。如菊花（秋菊和寒菊）、一品红在 17：00 至第二天上午 8：00，置于黑暗中。一品红经 40 多天处理即能开花；菊花经 50～70 天才能开花。采用短日照处理的植株要生长健壮，营养生长达到一定的状态，一般遮光处理前停施氮肥，增施磷、钾肥。

在日照反应上，植物对光强弱的感受程度因植物种类不同而异，通常植物能够感应 10 勒克斯以上的光照度，而且上部的幼叶比下部的老叶对光敏感，因此遮光的时候上部漏光比下部漏光对花芽的发育影响大。短日照处理时，光照的时间一般控制在 11 小时左右最为适宜。

2. 长日照处理。在短日照季节，要使长日照花卉提前开花，就需要加人工辅助照明；要使短日照花卉延迟开花，也需要采取人工辅助光照。长日照处理的方法：

（1）明期延长法。在日落前或日出前开始补光，延长光照 5～6 小时。

（2）暗期中断照明法。在半夜用辅助灯光照 1～2 小时，以中断暗期长度，达到调控花期的目的。

（3）终夜照明法。整夜都照明。照明的光照度需要 100 勒克斯以上才能完全阻止花芽的分化。

秋菊是对光照时数非常敏感的短日照花卉，在9月上旬开始用电灯给予光照，在11月上、中旬停止人工辅助光照，在春节前，菊花即可开放。利用增加光照或遮光处理，可以使菊花在一年之中任何时候都能开花，满足人们周年对菊花切花的需要。

大多数短日照花卉延长光照时荧光灯的效果优于白炽灯；一些长日照花卉延长光照时白炽灯效果更好，如宿根霞草的加光。

3. 颠倒昼夜处理。有些花卉的开花时间在夜晚，给人们的观赏带来很大的不便。例如昙花在晚上开放，从绽开到凋谢最多3～4小时，所以只有少数人能够观赏到昙花的艳丽丰姿。为了改变这种现象，让更多的人能欣赏到昙花，可以采取颠倒昼夜的处理方法，把花蕾已长至6～9厘米的植株，白天放在暗室中不见光，19：00至翌日6：00用100瓦的强光给予充足的光照，一般经过4～5天的昼夜颠倒处理后，就能够改变昙花夜间开花的习性，使之白天开花，并可以延长开花时间。

4. 遮光处理。部分花卉不能适应强烈的太阳光照，特别是在含苞待放之时，用遮阳网进行适当的遮光，或者把植株移到光线较弱的地方，均可延长开花时间。如把盛开的比利时杜鹃暴晒几个小时，就会萎蔫；但放在半阴的环境下，每一朵花和整株植株的开花时间均大大延长。牡丹花、月季花、康乃馨等适应较强光照的花卉，开花期适当遮光，也可使每朵花的观赏期延长1～3天。

（三）一般园艺措施

1. 调节播种期。在花卉花期调控措施中，播种期除了指种子的播撒时间外，还包括了球根花卉种植时间及部分花卉扦插繁殖时间。一二年生花卉大部分是以播种繁殖为主，用调节播种时间来控制开花时间是比较容易掌握的花期调控技术，关键问题是什么品种的花卉在什么时期播种，从播种至开花需要多少天。这个问题解决了，只要在预期开花时间之前，提前播种即可。如天竺葵从播种到开花是120～150天，如果希望天竺葵在春节前（2月中旬）开花，那么，在9月上旬开始播种，即可按时开花。球根花卉的种球大部分是在冷库中储存，冷藏时间达到花芽完全成熟后或需要打破休眠时，从冷库中取出种球，放到高温环境中进行促成栽培。在较短的时间里，冷藏处理过的种球就会开花。如郁金香、风信子、百合花、唐菖蒲等。从冷库取出种球在高温环境中栽培至开花的天数，是进行球根花卉调控花期所要掌握的重要依据。有一部分草本花卉是以扦插繁殖为主要繁殖手段，扦插繁殖开始到扦插苗开花就是需要掌握的花期调控依据。如四季海棠、一串红、菊花等。

2. 摘心、修剪等技术措施。一串红、天竺葵、金盏菊等都可以在开花后修剪，然后再施以水肥，加强管理，使其重新抽枝、发叶、开花。不断地剪除月季花的残花，就可以让月季花不断开花。摘心处理还有利于植株整形、多发侧枝。例如菊花一般要摘心3～4次，一串红也要摘心2～3次（最后一次摘心的时间依预定开花期而定），不仅可以调控花期，还能使株形丰满，开花繁茂。

3. 肥水管理。肥水管理包括土壤施肥、叶面施肥以及二氧化碳施肥等。一般情况下，氮肥和充足水分可促进营养生长而延迟开花，磷、钾肥有助于花芽分化。如菊花在营养生长后期增施磷、钾肥可提早一周开花。叶面施肥比土壤施肥效果更好，可直接缓解花卉对某些元素的亏缺，用量少而见效快。CO_2不仅提高花卉的光合作用，还有促进开花的作用。

仙客来在开花末期增施氮肥，可延缓衰老和延长花期，在植株进行一定的营养生长之后，增施磷、钾肥有促进开花的作用。

干旱季节，充分灌水有利于花卉生长发育，促进开花。如唐菖蒲在抽穗期，遇干旱后充分灌水，可延长花期约1个月。木兰、丁香等木本花卉，可人为控制水肥，使植株落叶休眠，在适当的时候给予充足的水肥供应，可解除休眠，促进生长、开花。

4. 使用植物生长调节物质。植物生长调节物质的使用方式有施用根据：例如用8000μL/L的矮壮素浇灌唐菖蒲，分别于种植初、种植后第4周、开花前25天进行，可使花量增多，准时开放。叶面喷施：用丁酰肼喷石楠的叶面，可使幼龄植株分化花芽。局部喷施：例

如用 $100\mu L/L$ 的赤霉素喷施花梗部位，能促进花梗伸长，从而加速开花。用乙烯利滴于叶腋或喷施凤梨叶面，不久就能分化花芽。

使用植物生长调节物质要注意配制方法及使用注意事项，否则会影响使用效果。如常用的赤霉素溶液，要先用 95％ 的酒精溶解，配成 20％ 的酒精溶液，然后倒入水中，配成所需的浓度。应该指出，植物生长调节物质在生产上的应用效果是多方面的，除了能够诱导花卉植物开花外，它还能使植物矮化、促进扦插条生根、防止落花。由于植物生长调节物质的种类或浓度的不同可以起到不同的调节效果，因此在使用植物生长调节物质调控花卉植物的花期时，首先要清楚该物质的作用和施用浓度，才能着手处理。虽然植物生长调节物质使用方便、生产成本低、效果明显，但如果施用不当，不仅不能收到预期的效果，还会造成生产上的损失。

在盆花花期调控的实际应用中，一二年生花卉主要是通过栽培措施，如调整播种期、修剪和摘心，并配合环境中温度、光照、养分和水分管理实现花期调控。多年生宿根花卉和花木类如菊花、一品红等，依据具体情况综合使用上述手段。球根花卉主要是使用温度处理种球、栽植期选择，栽培管理相结合的方法实现花期调控。

3 观叶花卉生产技术

观叶花卉泛指原产于热带、亚热带，以赏叶为主，同时也兼赏茎、花、果的一类花卉，是目前较为流行的观赏门类之一。观叶花卉要求较高的温度、湿度，不耐强光。但由于室内观叶花卉种类繁多，品种极其丰富，且形态各异，所以，它们对环境条件的要求又有所不同。

■ 观叶花卉生态习性

（一）温度

观叶花卉的生长都要求较高的温度，大多数室内观叶花卉适宜在

图 5-8 观叶花卉

20～30℃的环境中生长。冬季低温是室内观叶花卉生长的限制因子。在栽培上，需针对不同类型观叶花卉对温度需求的差别而区别对待，以满足各自越冬要求。

1. 耐寒性观叶花卉。能耐冬季夜间室内 3～10℃的观叶花卉，如荷兰铁、丝兰、酒瓶兰、春羽、龟背竹、麒麟尾、天门冬、鹤望兰、常春藤、肾蕨、海芋、美丽针葵、棕竹、苏铁、一叶兰等。

2. 半耐寒观叶花卉。能耐冬季夜间室内 10～16℃的观叶花卉，如蟹爪兰、南洋杉、花烛、花叶万年青、亮丝草、星点木、铁十字秋海棠、天竺葵、棕竹、鹅掌柴、花叶芋、龟背竹、观音莲、朱蕉、鱼尾葵等。

3. 不耐寒观叶花卉。冬季夜间室内需保持 16～20℃才能正常生长的观叶花卉，如喜林芋类、竹芋类、变叶木、蝴蝶兰、合果芋、火鹤、彩叶草、袖珍椰子、千年木、观赏凤梨类、白鹤芋等。

夏季过高温度也不利于观叶花卉的正常生长。如洋常春藤当温度超过 30℃时，竹芋类超过在 35℃时，其生长就会受阻，同时还会引发生理病害和病虫害；秋海棠在 35℃以上的高温多湿条件下，容易引起叶片腐烂。因此，观叶花卉在夏季高温时，应注意遮阴与通风，营造较凉爽的环境，保证其生长正常。

（二）光照

1. 阳性观叶花卉。要求室内光线充足，如变叶木、花叶榕、朱蕉、荷兰铁、散尾葵、美洲铁、苏铁、花叶鹅掌柴、金叶垂榕等。

2. 中性观叶花卉。要求室内光线明亮，是较喜光的种类，如琴叶榕、垂枝榕、虎尾兰、鹅掌柴、南洋杉、酒瓶兰、美丽针葵、伞树、榕树、一品红等。

3. 耐半阴观叶花卉。是耐阴性较强的种类，如常春藤、橡皮树、花叶万年青、龙血树、观叶秋海棠、花叶芋、观音莲、椒草、喜林芋类、吊兰、春羽、白鹤芋、袖珍椰子、棕竹、鹤望兰、竹芋类、凤梨科大部分品种等。

4. 极耐阴观叶花卉。是观叶植物中最耐阴的种类，如蕨类、一叶兰、八角金盘、虎耳草等。

（三）水分

水分包括土壤水分和空气湿度。大多数观叶花卉在生长期都需要比较充足的水分。

1. 耐旱观叶花卉。叶片或茎干肉质肥厚，细胞内储有大量水分，叶片有较厚的蜡质层或角质层，能抵抗干旱环境，如金琥、龙舌兰、芦荟、景天、莲花掌、生石花等。

2. 半耐旱观叶花卉。具有肥厚的肉质根，根内储有大量水分，或者叶片呈革质或蜡质状，甚至叶片呈针状，蒸腾作用较小，短时间干旱环境不会导致叶片萎蔫，如苏铁、五针松、吊兰、文竹、天门冬等。

3. 中性观叶花卉。生长季需供给充足的水分，一般土壤含水量保持在 60% 左右，如散尾葵、棕竹、袖珍椰子、夏威夷椰子、马拉巴栗、龙血树等。

4. 耐湿观叶花卉。根系耐湿性强，稍缺水就会死亡，如花叶万年青、粗肋草、花叶芋、虎耳草等。

■▌生产管理

（一）栽培基质选择

基质的好坏会影响观叶植物的生长，不同的观叶植物对基质的要求稍有差别。基质种类繁多，常见基质：腐叶土、泥炭土、土、园河沙、泥炭藓、蕨根和蛇木、树皮、椰糠、锯末、稻壳类、珍珠岩、蛭石等。

（二）选盆与换盆

盆不仅要有利于观叶植物生长，也要求美观，并与观叶植物相协调。

常见的有瓦盆、塑料盆和陶瓷盆三种。瓦盆四周盆土水分蒸发较快，塑料盆和陶瓷盆水分不会从四周蒸发，但要防止浇水过多而引起烂根。塑料盆因为具有操作简单、造型丰富、价格便宜、功能多样、清洁等多种优点，生产中使用较多。

换盆一般为1年换1次，规格较大的观叶植物可2～3年换1次。上盆和换盆的步骤大致相同。

（三）水分管理

浇水是观叶植物养护的关键，根据不同类型的室内观叶植物决定给水量及供水方式。室内观叶植物总体上虽然喜湿，但不同类型的植物形态各异，需水状况不同，浇水时给水量及给水方式也不同。需水分多的植物，如大部分的蕨类、天南星科大多数品种等，一般在盆土开始变干时就必须及时浇水。一些竹芋类观叶植物，叶片茂密且较大，对水分的反应比较敏感，缺水时易出现叶片卷缩、叶尖枯焦等不良症状，所以生长季要供其较大量水分，但其肉质根茎又不太适宜太湿的土壤，故更需要较高的空气湿度，要经常向叶面喷水。

一些叶面柔软多毛的品种，如蟆叶海棠，叶面喷浇有时会导致腐烂，应从植株的根部浇注或用叶面喷雾，以增加湿度，满足其生长需要。过干或过湿均会对植株产生不良影响。因此，把握好浇水时间至关重要。掌握"见干见湿"的浇水原则。在一天中浇水时间一般以上午为好。水质以微酸性或中性水为宜。浇水的量以盆底流出水为度，这样能压出土壤空隙中的旧空气，换入新鲜的空气，给根部提供氧气。如果盆底附有托盆，则植物可直接从盆底吸收水分。夏天可用托盆储水，但冬天不要使托盆积水。大多数观叶植物需常用喷雾器给叶面喷水，以保持较高的空气湿度。

（四）光照调节

由于室内光照条件较差，一方面可用日光灯或白炽灯来补充光照，但重要的还是要根据观叶植物对光照的需求和室内光照强度分布的特点调整好观叶植物的摆放和布局。喜光植物放置在窗边等光线可以充足进入的场所；耐阴植物放置在明亮、庇荫的场地，阴生植物放置在室外光线基本不能进入的地方，并定期旋转花盆改变受光方向，否则容易造成"偏冠"现象，影响观叶植物的观赏价值。

（五）温度控制

室内观叶植物生长温度在 $15\sim35℃$，越冬温度一般不低于 $10℃$，以保证观叶植物安全越冬。在冬季，应减少水分的供应，并应注意水分温度过低造成对根部的伤害。此外，冬季来临前应减少氮肥的供应，增施磷、钾肥，提高植物的抗寒能力。

（六）施肥管理

施肥原则掌握适时、适当、适量。根据不同品种的需肥特点，把握施肥时期、施肥次数、施肥量以及施肥方法。

施肥方法除了固体肥料埋施外，其他肥料都用浇施或叶面喷洒。生长旺盛时期可多施肥，每月施 1 次的浓度可高些，若每周到半个月施 1 次，其他生长期一般每 2 周到 1 个月施 1 次，浓度也应稀一些，做到宁稀勿浓。叶面喷施，植株迅速吸收、迅速见效，可及时补充植物根部吸收养分的不足，尤其在植物旺盛生长期和表现缺乏微量元素时施用效果更佳。

参考文献

包满珠.2009.花卉学.北京：中国农业出版社.

北京林业大学园林系花卉教研组.2009.花卉学.北京：中国林业出版社.

曹春英.2009.花卉生产与应用.北京：中国农业大学出版社.

韦一立.1999.观赏植物花期控制.北京：中国农业出版社.

单元自测

1. 盆花栽培的特点是什么？

2. 盆花培养土有什么要求？列举各种培养土类型。

3. 花卉盆栽的浇水方式有哪些特点？为什么？

4. 盆花花期调控的技术措施有哪些？如何根据盆花特点选择适宜的调控措施？

技能训练指导

一、盆栽花卉培养土配制

（一）目的和要求

掌握盆栽花卉培养土的配制技术及培养土的消毒技术。

（二）材料和工具

铁锹、土筐、有机肥、田土、腐叶土、草炭、炉渣、河沙、珍珠岩、稻壳、花盆、喷壶、筛子等。

（三）实训方法

（1）将各种土料粉碎、过筛后备用。

（2）按要求配制普通培养土、加肥培养土、酸性土培养土、君子兰培养土、杜鹃花培养土。

（3）测定培养土的 pH。

（4）培养土的药物消毒。

（四）实训报告

普通培养土配制流程。

二、一品红国庆节开花花期调控技术

（一）目的和要求

通过实训，掌握一品红国庆节开花花期调控关键技术——短日照处理的时间、方法。

（二）材料和工具

盆栽一品红、遮光暗室、花盆、花肥、农药、喷雾器等。

（三）实训方法

1. 种苗选择。在实际栽培中多采用 3 年生以上的大株进行花期调控，通常使用上口直径 28 厘米、高 20 厘米、底部直径 18 厘米的花盆作为定植容器。宜选用沙质壤土作为栽培基质。用扦插法繁殖的种苗必须长出 6～7 片以上的叶子，其苞片才能变红。为了使植株具有更高的观赏价值，所使用的一品红植株通常要在每年 3～4 月换盆 1 次，并旋去部分老根，同时对枝条进行短截。

2. 短日照处理。一品红为典型的短日照植物。当完成营养生长阶段后，每日给予 9～10 小时自然光照，遮光 14～15 小时，即可形成花芽而开花。一般单瓣品种经 45～50 天，重瓣品种经 55～60 天即可开花。国庆节开花，一般于 8 月 1 日开始在暗室中进行短日处理即可。

在短日处理期间应注意以下几点：

（1）遮光绝对黑暗，不可有透光漏光点。遮光应连续不可间断。

（2）短日照处理时间应准确，不可过早或过迟。一品红花期虽长，但以初开 10 天内花色最鲜艳，10 天以后花色逐渐发暗，特别是单瓣品种。所以不宜过早进行短日照处理，如发现处理过早，而欲推迟是无法挽回的，因短日照处理一旦间断，已变红的苞片与叶片，在长日照下会还原变为绿色，前期处理完全无效。

（3）温度管理。喜高温、忌严寒，是一品红对温度的基本要求。植株在25～35℃的温度范围内生长良好。在其花期控制过程中，环境温度不宜低于 15℃，环境温度高于 35℃会使其花期延后。遮光暗室或棚内温度不可高于 30℃，否则叶片焦枯甚至落叶，影响开花质量。

（4）水分管理。在入房后的一段时间里，应该适当减少浇水量，因为在温室里水分散失要比在露天中慢得多，如果还像以往那样浇水，则植株容易发生烂根现象。

（5）施肥管理。短日照处理期间应正常浇水施肥，并加施磷、钾肥。一品红不喜铵态氮，而喜硝态氮，因此在施用肥料时应该考虑此问题。尽量不要施用氯化铵这类氮肥，最好施用硝酸钾氮肥。

（四）实训报告

记录一品红国庆节开花花期调控工作过程，分析一品红花期调控成功与否的原因。

学习
笔记

1 鲜切花基本生产技术

切取花卉植物新鲜茎、叶、花、果等部分用作插花或花艺装饰的称作鲜切花，鲜切花包括切花、切叶、切枝。

鲜切花生产的特点是生产单位面积产量高，收益大。例如月季为 $100 \sim 150$ 枝/米^2，菊花 $60 \sim 80$ 枝/米^2，切花的经济效益是其他栽培方式的 $3 \sim 4$ 倍；鲜切花规模化生产，技术规范，栽培生产设施人为控制，生产周期快，可周年供应；鲜切花的生产、采收、包装技术规范，便于国际间的贸易交流；这类花卉生产投入多、风险大、经济效益高。

鲜切花栽培的方式有露地栽培和设施栽培两种。露地栽培季节性强，管理粗放，切花质量难保证。设施栽培可调节栽培环境，产量高、质量好，能周年性生产。是鲜切花生产的主要方式。

鲜切花的保鲜是指切花采收后，用低温冷藏或用保鲜剂来延长保鲜的方法。鲜切花的采收、运输、出售时间相对集中，为保证鲜花的质量，采收后的鲜花经整理及时进入 $5 \sim 10$℃低温库冷藏。如果冷藏的时间长，可配制各种保鲜液浸泡花枝，延长保鲜效果。

2 主要鲜切花生产

■ 切花菊

　　菊花属于菊科、菊属多年生宿根草本花卉。菊花是我国传统名花之一，也是世界四大切花之一，品种繁多，花色丰富。切花菊生产主要是单花型品种和小菊多花型品种，生产量和需求量较大。在国际市场上，切花菊的销售量占切花总量的 30％，它与香石竹、切花月季、唐菖蒲合成四大切花，菊花名列榜首。

图 6-1　切花菊生产

（一）形态特征

　　切花菊花株高 60～130 厘米，茎直立，粗壮，有分枝，披被灰色柔毛，具纵条沟，呈棱状，半木质化。叶形大，互生，边缘有缺刻，表面粗糙，叶背有绒毛，叶表有腺毛，能分泌菊香气。头状花序，花单生或数朵聚生，边缘为舌状花，中部为筒状花，也有全为舌状花的或筒状花的。花序的颜色、形状、大小、变化很大，花色极其丰富，主要为黄、白、红、紫、粉等色系，花期因品种而宜。

（二）品种类型

切花菊一年四季都有生产，主要的生产品种是秋菊和夏秋菊。花期在 10～12 月，属短日照花卉，花芽分化温度为 15℃左右。主要品种有秀芳的力、神马等。

（三）生态习性

菊花喜阳光充足，气候凉爽，地势高燥，通风良好的环境条件。要求富含腐殖质、肥沃疏松、排水良好的沙质土壤，pH 6.5～7.2，耐旱、耐寒，忌多湿涝积水，忌重茬。生长适温一般为 15～25℃。

菊花植株经过一定时期的营养生长后，在适宜的条件下进入生殖生长，而不同的品种在开花生理上有一定的差异，主要受日照时数和温度的影响。夏菊和夏秋菊对温度敏感，10～15℃花芽分化，如果在花芽分化期遇到低温，在植株的顶部长出一丛柳叶状小叶，称为"柳芽"或"柳叶头"，也就是"盲花"。所以，夏菊和夏秋菊生产栽培必须有保护地栽培，否则造成生产上的损失。秋菊对日照时数敏感，在花芽分化期如果日照时数达不到短日照，也容易产生"柳叶头"，要做到定植时间、营养生长和生殖生长、日照时数恰到好处地吻合，才能顺利地完成花芽分化。

（四）种苗繁育

切花菊多用嫩枝扦插繁殖。

1. 母株培养。9～10 月，将脱毒组培苗定植于圃地，施足基肥，株、行距 25 厘米×25 厘米肥水管理，当顶芽长至 15 厘米时，进行 1 次摘心。20 天后进行第 2 次摘心或第 3 次摘心，培育母株萌发较多的根、蘖芽和顶芽，获取足够的插穗。

2. 采芽扦插。采摘顶芽扦插繁殖生产苗。在母株选嫩梢的顶芽长 5～8 厘米，带 5～7 片叶，下部茎粗 0.3 厘米左右。用刀片去除下部叶，保留上部 2～3 片叶，20 枝 1 束，按下切口速蘸 100～200 毫克/升萘乙酸或 50 毫克/升生根粉 2 号，促进生根。用细沙或蛭石做插床，株、行距 3 厘米×4 厘米，插入沙中 2～3 厘米，搭盖小拱棚，保持温度 15～20℃，10 天左右可生根，20 天后可移植成苗。每母株可采穗 3～4 次，次数过多影响插穗的质量。

（五）切花生产

1. 整地作畦。切花菊生长旺盛，根系大，植株高度达到 90～130 厘米，要求土壤肥沃。在整地作畦前应在圃地施入腐熟有机肥或生物有机肥，一般 5 千克/米²，改善土壤物理性状，增加通透性。以南北方向作高畦，畦高 15 厘米，长 10～20 厘米，宽 1～1.2 米。

2. 定植。秋菊一般在 5 月中下旬至 6 月上旬定植。选择阴天或傍晚进行。单花型品种栽植密度为 60 株/米²，以宽窄行种植为例，一畦 4 行。两侧留 15 厘米，中间留 30 厘米，行距 10 厘米，株距 5 厘米。定植深度 4～5 厘米，植后压紧扶正，并随即浇透水。

3. 肥水管理。切花菊种植后时铺设滴灌设施，既节水又保持土壤要求的湿度。结合滴灌每 10～15 天追 1 次肥，在营养生长阶段追施复合肥，生育后期增施磷钾肥，使菊花茎秆生长健壮、挺拔，达到切菊所需高度。土壤持水量在 50%～60% 的土壤湿度即可，切记旱涝不均。

4. 立柱、架网。当菊花苗生长到 30 厘米高时架第 1 层网，网眼为 10 厘米×10 厘米，每网眼中 1 枝；以后随植株生长 30 厘米架第 2 层网；出现花蕾时架第 3 层网。立柱要稳，架网平展，起到抗倒伏的作用。

5. 剔芽、抹蕾。菊花在生长的过程中，当植株侧芽萌发后及时地剔侧芽。菊花现蕾后及时地去除副蕾和侧蕾，集中营养供给顶部主蕾。

6. 采收、包装。切花菊采收的时间，应根据气温，储藏时间，市场和转运地点综合考虑。采收时间最好在早晨或傍晚进行。采收剪口距地面 10 厘米，切枝长 60～85 厘米，采收后浸入清水中，按色彩、大小、长短分级放置，10 枝或 20 枝 1 束，外包尼龙网套或塑膜保鲜。在温度 2～3℃，湿度 90% 的条件下保鲜。

■ 切花香石竹

香石竹又名康乃馨，属于石竹科、石竹属的多年生草本花卉。其花朵绮丽、高雅、馨香，花色丰富单朵花期长，应用广泛，是世界上最大众化的切花。

（一）形态特征

植株茎直立，分枝，株高 30～100 厘米。整株被蜡状白粉，呈灰蓝色。茎秆硬而脆，茎节明显膨大。叶对生，线状披针形，基部抱茎，灰绿色。花单生，花冠石竹形，萼长筒形，裂片剪纸状；花瓣扇形，花朵内瓣多呈皱缩状，多为重瓣；花色有红、玫瑰红、粉红、深红、黄、橙、白、复色等，花径为 3～9 厘米，花有香气。

图 6-2　香石竹

（二）品种类型

香石竹为世界四大鲜切花之一，年年都有新品种推出，如以色列品种、德国品种、荷兰品种、法国品种等，有适宜露地栽培品种，有适宜温室栽培品种。香石竹按花朵数目和花径大小分为单花型和多花型，单花型为大花型，每枝上着生一朵花，是市场消费最受欢迎的栽培品种。多花香石竹主枝有数朵花，花径较小，3～5 厘米，为中小型花，我国以上海地区和昆明地区种植量最多。

（三）生态习性

香石竹喜温暖凉爽气候，忌严寒、酷暑，适宜的气温为 15～

28℃，夏季连续高温，极易发生病害。喜光照充足的生长条件。喜干燥通风的空气环境，适于疏松透水的土壤，pH 6～6.5，忌连作。

（四）种苗繁育

香石竹切花生产种苗采用扦插繁殖育苗。第 1 步建立母株采穗圃，种植组培苗，覆盖防虫网，防止虫害侵入而传染病毒。采穗圃的土壤肥沃，母株生长快，穗条充实健壮。栽培株、行距为 15 厘米×20 厘米，定植后苗高 15cm 左右第 1 次摘心，促发侧枝，15～20 天第 2 次摘心，促发更多的侧枝准备穗条，采穗母株与生产用苗比例为 1:25。为达到切花的优质高产，母株须每年更换 1 次。第 2 步生产种苗的扦插。生产种苗的插穗最好采母株茎中部 2～3 节抽生的侧芽，因为下部的侧芽较弱，采取的插穗长 8～10 厘米，保留 6～8 叶，每 20～30 枝 1 束，速蘸生根粉溶液，促进生根。扦插基质用蛭石基质，全光喷雾苗床，基质厚度 8～10 厘米，株、行距 2～3 厘米，插深 3 厘米，插后立即浇水，使插穗基部与基质密接。扦插后控制光照、温度和水分。生根前要适当遮阴喷水保持湿度，注意通风。

（五）切花生产

香石竹采用设施保护生产，通风、防雨、控温、控光是必须条件。

1. 整地作畦。 香石竹属须根系植物，喜肥不耐水湿，适合于富含有机质及腐熟有机肥的沙质壤土中栽培，忌连作。作畦前要彻底消毒，作畦高 15～20 厘米，畦宽 0.8～1.0 米，长度 10～20 米。

2. 定植。 定植时间主要根据预定采花期来决定，通常从定植到开花需 110～150 天。定植密度一般为 33～40 株/米²，株、行距为 10 厘米×10 厘米，中大花型品种选用 35 株/米²，如果只采收 1 次花的短期栽培，可加密到 60～80 株/米²。以加强通风透光，提高切花质量。香石竹定植的种苗，根系长度为 2 厘米最适宜，栽深 2～5 厘米。栽植时要遮阴，防太阳暴晒。

3. 肥水管理。 香石竹定植时铺设滴灌设施。追肥薄肥勤施，钾肥、钙肥有利于开花整齐，提高切花品质。

4. 温度与光照。香石竹生长适合冷凉环境，最适生长平均温度为 15～28℃，夏季要降温，冬季要升温，昼夜温差在 5～12℃ 范围内，切花质量好。香石竹属长日照植物，日照延长到 16 小时，有利于香石竹营养生长与花芽分化，提早开花。

5. 剥蕾剔芽。香石竹在生长的过程中，当植株侧芽萌发后及时的剔侧芽。现蕾后及时的大除副蕾和侧蕾，集中营养供给顶部主蕾。为了使茎秆直立防倒伏，应在株高 15 厘米时开始张网防倒伏。

6. 采收与保鲜。单枝大花型香石竹应在花朵外瓣开放到水平状态，能充分表现切花品质时采收，如为了耐储及长距离运输，可以在花瓣刚露出萼筒现色后采收。多头型香石竹采收通常在花枝上已有 2 朵开放，其余花蕾现色时采收。采收时要尽量延长花枝长度，同时要为下茬花抽出 2～3 个侧枝。采收后分级包装，20 枝为 1 束，花头平齐，吸足水分，保鲜在 1～4℃ 条件下。

小常识

香石竹生产中需注意的两个问题

1. 防裂萼。香石竹的大花品种，在开花时花萼易破裂，失去商品性，影响经济效益。其原因是在成花阶段昼夜温差大或突遇高温或土壤水分过多而造成的。所以在成花阶段防高温，防多湿，降低昼夜温差是切花丰收的主要措施。

2. 防花头弯曲。花头弯曲影响切花质量。在成花阶段防高温，日照时数要补足，土壤湿度适宜能避免花头弯曲。

▪ 切花唐菖蒲

唐菖蒲又称剑兰、菖兰、扁竹莲。属于鸢尾科、唐菖蒲属，为多年生球根类花卉，是世界四大鲜切花之一。唐菖蒲花茎修长挺拔，花色鲜艳，花形多变，花期长，消费者喜爱。叶型挺拔如剑，有"剑兰"之称。其花色艳若云霞，质如绫绸、如锦似绣，五彩缤纷，有"十样锦"之称。

图 6-3　唐菖蒲

（一）形态特征

唐菖蒲的茎是一种短缩成球状的地下茎，扁圆形，在球茎上方中央有明显的生长点，周边有 2～3 个副茎点。球茎的底部有一圆形的凹陷，称为茎盘，球茎外被褐色膜质外皮。基生叶剑形，互生，成 2 列，嵌迭状排列，花葶自叶丛中抽出，高 50～80 厘米单生，穗状花序顶生，每穗花 8～24 朵，通常排成两列，自下而上依次开花。花冠呈膨大漏斗形，花径 12～16 厘米，花色有红、粉、白、橙、黄、紫、蓝、复色等色系。

（二）品种类型

唐菖蒲栽培品种较多，以习性、生育期、花形、花径、花色不同形成不同的品种特色。

夏花类品种植株高大，花朵多，花色、花形、花径以及花期等性状富于变化，耐寒力差，夏秋季开花，是目前生产应用最多的品种系列。

（三）生态习性

唐菖蒲喜温暖、湿润气候，属于喜光性的长日照植物，不耐寒，怕涝，不耐炎热，要求通风良好，阳光充足。白天 20～25℃、夜温 10～15℃时生长最好，降至 3℃ 以下则生育停止，到 －3℃时受冻害。土壤条件要求以肥沃深厚排水良好的沙壤土为好，pH 以 5.5～6.5 为宜。

（四）种球繁育

切花唐菖蒲属于球根类花卉，切花以种植球茎为主。我国东北地区辽宁省凌源繁育球茎较多，再就是甘肃、宁夏也有繁育，球茎有大有小。高品质的唐菖蒲切花一般都是通过荷兰进口球茎来种植，品种纯正，球茎大小一致，又经过严格休眠处理，切花质量很好。

（五）切花生产

1. 整地作畦。唐菖蒲切花生产适宜选择空旷、环保无污染、光线充足的农田种植。栽植前应深翻地 40 厘米，施入腐熟有机肥 10 千克/米^2，并进行杀虫杀菌处理。采用东西向垄作，垄宽 0.5 米左右，高 20～30 厘米，根据当地雨水情况来定，应避免连作。

2. 种球处理。根据上市时间和品种特性确定栽植时期，一般在栽后 90 天左右见花，在栽植前应对球茎进行消毒及催芽处理，把球茎按规格分开，以 2.5～5 厘米的球用于切花最好，先去除外皮膜及老根盘，在 50% 多菌灵 500 倍液中浸泡 50 分钟，或 0.3%～0.5% 高锰酸钾中浸泡 1 小时，在 20℃ 左右条件下遮光催根催芽，当根和芽露出即可种植。

3. 定植。种植株距为 10～20 厘米，行距 30～40 厘米，根据垄宽 0.5 米的面积，将中秋交叉种植两排，种植深度为 5～12 厘米。栽植后及时浇水，待出芽后控 2 周水，以利于根系生长。

4. 肥水管理。定植时设滴灌设施。阳光充分，通风及时，拉网防倒伏。种植 4～6 周后，要追肥，在球茎生长 3～4 叶前施营养生长肥，3～4 片叶后的花芽分化期，既有茎干直立挺拔，又有花朵开放充分。

5. 采收与保鲜。最适宜采收时期是花穗下部第 1～3 朵小花露出花色时，以清晨剪切为好。剪取后剥除花枝基部叶片，按等级花色分级包扎，20枝1束。通常花枝70厘米以上，小花不少于12朵才可定级，花束存放在4～6℃条件下，切口浸吸保鲜液，注意不能用单侧光照射太长时间，以免引起花枝弯曲现象。

■ 切花月季

切花月季属于蔷薇科、蔷薇属多年生木本花卉，是世界四大切花之一。

图6-4 月 季

（一）形态特征

切花月季是落叶小灌木，株型直立，茎具钩状皮刺。花枝硬挺顺直支撑力强，有足够的长度。叶为羽状复叶，小叶3～5片，托叶附生于叶柄。花朵单生茎顶，高心卷边或高心翘角，重瓣花冠多数杯状型，花色鲜艳纯正。

（二）品种类型

切花月季新品种推出很快，每年都有新品推出，单花型月季品种较多。色系全，红色最多，以红、朱红、粉、黄、白为主。红色品种主要有红衣主教、萨曼莎、卡尔红、卡拉米亚、达拉斯、桑德拉等；

粉色系品种有婚礼粉、女主角、外交家、贝拉米等；黄色系品种有金奖章、金徽章、旧金山、黄金时代等；白色系品种有坦尼克、雅典纳、香槟酒等。

（三）生态习性

喜阳光充足，空气流通，相对湿度 70%～75% 的环境。喜疏松肥沃，湿润而排水良好的土壤，pH 6～7 为宜。生长适温白天 20～27℃，夜间 15～22℃，在 5℃ 左右也能缓慢生长，超 30℃ 或低于 5℃ 生长不良，处于半休眠状态。喜肥，耐干旱忌积水。

（四）种苗繁育

主要是扦插或嫁接繁育幼苗。

1. 扦插繁育。 春季采取花谢的枝条。将枝条剪成 7～10 厘米插段，上剪口近下芽基部 0.1～0.3 厘米，剪去枝段下面的两片叶，上面留 2 片叶，每叶上留 2～4 个小叶，其余剪除。然后在插穗最下面 1 个芽的直下方，与芽相反方向，用刀片以 45° 角斜切 1 刀，再沾上 200 毫克/升的生根粉溶液，插入苗床中，深度为插条的 1/3～1/2，株、行距 4～5 厘米，压实浇透水。插床基质采用蛭石和珍珠岩为佳，上扣拱棚，保温保湿，20℃ 左右。半月后可生根，1 个月后可移苗，加强光照及肥水管理成苗备用。

2. 嫁接繁育。 选用根系发达，生长旺盛，抗病性强的蔷薇做砧木嫁接优良的切花月季新品种。通常用芽接或枝接。具体介绍最常用的丁字形贴芽接。

贴芽接在月季生长旺盛季节，韧皮部容易剥离时进行。接穗的处理：选当年生充实饱满的芽，剪去叶片，保留叶柄，稍带木质部，在芽上横切 1 刀，成 1 个长 1.5～2.0 厘米，宽 0.5～0.6 厘米的下尖上平呈盾片状的接芽，注意接穗保鲜。砧木处理：在砧木离地面 3～5 厘米处，选光滑一面，横切 1 刀达木质部，再在横刀口中央垂直向下切长 2 厘米纵口，深达木质部不伤及木质部，形成丁字形。接着用刀尾骨片将切口挑开，使韧皮部与木质部剥离，将接芽插入丁字形切口中，使横切口对齐，砧木两侧皮包住接芽片，之后用塑料膜绑缚，使伤口紧密封闭，露出接芽与叶柄。接后 7 天，用手触动叶柄，易脱落，表示嫁接成功，成活后半个月及时解开绑条正常培养。成活后及时抹除砧木上萌芽，当接芽长到 15 厘米以上时，在接口 1 厘米左右剪除砧条。

（五）切花生产

1. 整地作畦。 切花月季栽培要选择阳光充足，地势高燥，有排水条件的肥沃场地栽培。土壤要深翻 40～50 厘米，施入熟有机肥或生物有机肥或有疏松土壤性能的玉米芯、稻壳、花生壳等有机物，最好施入牛粪及菜籽饼等，使肥料营养全面。土壤 pH 5～8。作畦宽60～70 厘米，高 15～20 厘米，按 2 行种植，行距 35～40 厘米，株距 20～25 厘米。一般为 5～6 株/米^2。月季定植后可连续开花 3～6 年。

切花月季的周年生产，需进行保护地栽培。南方以单栋和连栋大棚为主，北方以日光温室为主。连栋大棚操作空间大，气体交换性能好，病虫害少，但冬季生产和催花温度不能保障。日光温室空间小，但光照充足，昼夜温度都能达到生产栽培的要求。

图 6-5　切花月季生产

2. 小苗定植与主枝留养。 小苗定植最佳时间是 3～4 月份，9～

10 月份可产花。小苗定植后及时浇透水，在 30 天内掌握保护地地温高于气温，使气温在 10～15℃为宜，当植株有了新根，调节温度，促进植株生长。切花月季小苗定植后 3～4 月为营养养护阶段，在此期间的花蕾要摘除，控制生殖生长，最大限度地维持营养生长，培养粗壮的母枝。由母枝长出的新枝条直径在 0.61 厘米以上的可留做主枝，在主枝条 50 厘米处剪去上部枝条，再萌发未开花枝。每株月季要培养 3～5 条主枝，可年产花 120～150 枝。

3. 肥水管理。 定植时铺设滴灌设施。没采收花枝或修剪后及时水肥管理，定期松土和追肥。施肥配比为 N∶P∶K＝1∶1∶2，并结合叶面肥交替进行，叶面肥中加施铁盐、镁肥、钙肥等。

4. 整枝修剪。 修剪是提高产花量的主要措施。日常管理把不能形成花枝的短枝、弱枝、病枝剪掉，对合格的产花枝剔蕾而不剪枝，以保持植株的营养面积，增强树势，生长旺盛。到 8 月下旬或 9 月初进入盛花期，成花枝低位修剪，使植株营养集中供给其他陆续成熟的花枝。

5. 剔芽、剥蕾。 切花月季萌芽能力很强，经修剪后，当新芽的第 1 片真叶完全展开后进行疏芽。产花枝在生长过程中萌发的侧芽、副芽随时剔掉，集中营养供给顶端部主蕾发育至开花。小苗生长期随时有花蕾的形成，要及时剥蕾，以增强花枝向上生长的能力。

6. 采收与保鲜。 大多数红色与粉红色品种的花朵开放度应达到萼片已向外反折到水平位置，花瓣外围 1～2 瓣开始向外松展时为适度标准。采收时间以早晨和傍晚为好，通常的采收剪切部位是保留 5 片小叶的 2 个节位，俗称为"5 留 2"。采收后应立即吸水，去除切口以上 15 厘米内的叶片和皮刺，只留 3～4 枚叶，再分级绑扎，20 枝或 12 枝 1 束。在吸水或保鲜液后，保存在 4～5℃条件下待运。

■ 切花非洲菊

非洲菊又名扶郎花、灯盏菊，属于菊科、扶郎花属多年生草本花卉。非洲菊花色丰富，花型多样，能周年不断地开花，产切花率高。且花粉轴距每年都有新品种推出，丰富花色和花型，深受喜爱。

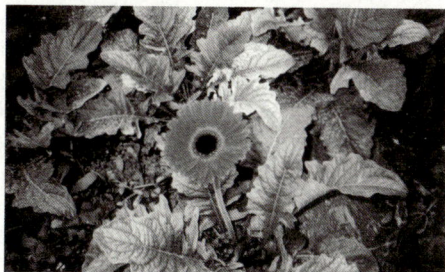

图 6-6　非洲菊

（一）形态特征

叶多基生，叶长 15～20 厘米，宽 5～8 厘米，羽状浅裂或深裂，叶背具有白绒毛，株高 30～80 厘米。头状花序单生，花梗长；筒状花较小，乳黄色，舌状花较大，1～2 轮，花色有红、黄、粉、白、紫等色；花径 10 厘米左右。全年都开花，以 5～6 月或 9～10 月最盛。花茎无叶，挺立于叶丛中，花盘大，平展，花期长，有"多情之花""光明之花"美誉。

（二）品种类型

非洲菊的切花栽培类型根据花瓣的宽窄分为窄花瓣型、宽花瓣型、重瓣型、托挂型与半托挂型。

1. 窄瓣型。舌状花瓣宽 4～4.5 毫米，长约 50 毫米，排列成 1～2 轮，花序直径为 12～13 厘米，花型优雅，花梗粗 5～6 毫米，长 50 厘米，但花梗易弯曲。

2. 宽花瓣型。舌状花瓣宽 5～7 毫米，花序直径为 11～13 厘米，花梗粗 6 毫米，长 10 厘米，株型高大，观赏价值高，保鲜期长，是市场流行品种，尤其以黑心品种最流行，市场销路好。

3. 重瓣花型。舌状花多层，外层花瓣大，向中心渐短，形成丰满浓密的头状花序，花径达 10～14 厘米。

4. 托挂型与半托挂型。花序中心部位为两性花，全部或部分发育成较发达的两唇状小舌状花，呈托挂形。

（三）生态习性

喜冬季温暖，夏季凉爽，空气流通，阳光充足的环境；最适生长温度为 20～25℃，夜温 16℃，白天不超过 26℃ 可长年开花；冬季在 7～8℃ 以上可以安全越冬。对日照周期无明显反应，在强光下发育最好，略耐阴，非洲菊生长要求肥沃、疏松、排水良好的微酸性土壤，pH 6～6.5 为宜。

（四）种苗繁育

非洲菊切花生产主要是组培快繁育苗。种苗繁殖快，数量多，种苗质量好，苗的生长度整齐，产量高品质好。有组培条件可自行育苗，无组培条件可购苗。

（五）切花生产

1. 整地作畦。 非洲菊根系发达，栽植床至少需要有 25 厘米以上的深厚土层，土质应疏松肥沃、富含有机质的沙壤土，以微酸性为好。定植前施足基肥，深耕翻整，拌入消毒杀菌剂。作高畦或宽垄，垄宽为 40 厘米，畦宽为 1～1.2 米，床面平整，疏松。

2. 定植。 种植密度为每畦定植 3 行，中行与边行交错定植，株距 30～35 厘米。如果垄作，则采用双行交错定植，株距 25 厘米。除炎热夏季外，其余时间均可进行。

非洲菊定植深度应以浅栽为主，因为非洲菊在生长过程中根系具有收缩性，有把植株向下拉的能力。定植时，要求根颈露于土表面 1～1.5 厘米，用手将根部压实，并且不要怕第 1 次浇水有倒伏现象发生，倒伏后

图 6-7 切花非洲菊生产

3～4天扶正，日后就能正常生长了。如栽种深了，生长缓慢，植株随生长向下沉，生长点埋入土中，花蕾也长不出地面，会发生生理障碍，影响开花。

3. 肥水管理。定植时铺设滴灌设施。生长期充足供水，保持土壤墒情。株心保持干燥不能积水。非洲菊为喜肥，要求肥料量大，N、P、K比例为2∶1∶3，因此应特别注意加施钾肥，生长季应每周施1次肥，温度低时应减少施肥。非洲菊喜充足的阳光照射，但又忌夏季强光，因而栽培过程中冬季要有充足日光照射，而在夏季要进行适当遮阴，并加强通风降温。

4. 疏叶。非洲菊在生长过程中，为提高植株群体的通风透光度，平衡叶的生长与开花的关系，需要适当进行剥叶。当叶生长过旺情况下，花枝会减少，并出现梗短、花朵少的症状。先剥病残叶，剥叶时应各枝均匀剥，每枝留3～4片功能叶。过多叶密集生长时，应从中去除小叶，使花蕾暴露出来，控制营养生长，促进花蕾发育。在幼苗生长初期，为了促进营养生长，应摘除早期形成的花蕾。在开花时期，过多花蕾也应疏去。一般是不能让3枝花蕾同时发育，疏去1～2个才能保证花的品质。

5. 采收与保鲜。非洲菊采收适宜时期应掌握在花梗挺直，外围花瓣展平，中部花心外围的管状花有2～3轮开放，雄蕊出现花粉时为适期。采收通常在清晨与傍晚，此时植株挺拔，花茎直立，含水量高，保鲜时间长。

非洲菊采收不用刀切，用手就可折断花茎基部，分级包装前再切去下部切口1～2厘米，浸入水中吸足水分及保鲜液，长途运输用特制包装盒，各株单孔插放，并用胶带固定，在2～4℃条件下保存，并保湿鲜。

参考文献

曹春英.2010.花卉栽培.北京：中国农业出版社.

中国花卉协会，国家林业局职业技能鉴定指导中心.花卉园艺师.2007.北京：中国林业出版社.

单元自测

1. 什么是鲜切花？它的生产方式与其他方式有哪些不同？分析消费方向和经济效益风险性。

2. 切花保鲜技术有哪些？切花采切后为什么要做保鲜处理？

3. 鲜切花大多数为多年生栽培，为保持品种的优良特性，种苗应做哪些技术处理？

4. 鲜切花生态习性知识在生产中做了哪些技术参考？

5. 各类鲜切花生产技术要点不同，能否种植在一起进行技术管理，为什么？

技能训练指导

一、唐菖蒲定植训练

（一）目的和要求

熟悉唐菖蒲球茎栽植前的处理，掌握唐菖蒲定植技术。

（二）材料和工具

唐菖蒲生产用球、高锰酸钾、NAA、刀片、有机肥、铁锹、耙子、移植铲、喷壶等。

（三）实训方法

（1）根据品种、场地设施及切花上市时间安排，确定各批次生产种球的数量和播期，分2次完成。

（2）选健壮的生产用球，剥去外皮膜，挖出根盘上残留物，用清水浸泡种球6小时，再用0.5‰高锰酸钾液浸泡1小时，捞出后放在15～20℃环境中催芽，待白根露尖后可播种。

（3）作宽1米、高15厘米的畦，施入有机肥，按株、行距15厘米×20厘米定植，盖土5～8厘米，浇透水，扣地膜。

（四）实训报告

观察唐菖蒲球茎在吸水前后及催芽前后的变化，分析其内部发生的变化。

二、香石竹摘心、抹蕾训练

（一）目的和要求

熟悉香石竹生长发育规律，掌握香石竹摘心、抹蕾操作技术。

（二）材料和工具

直尺、芽接刀、塑料袋、喷雾器、杀菌剂、香石竹生产苗床。

（三）实训方法

（1）分组选定苗床，按生产管理方案进行摘心和抹蕾操作。每次操作后，要喷施杀菌剂。

（2）摘心类型不同，操作的次数也不同，第1次摘心留植株基部4～6节，其余茎尖摘除，摘心用一只手握住要保留最后一节，另一只手捏住茎尖侧下折去茎尖，不能提苗。

（3）花蕾发育后，除了要保留的花蕾外，下部其余侧芽都要及时抹去，大小在豌豆粒大时开始抹掉，不能伤及叶及预留枝芽。

（四）实训报告

分析摘心、抹蕾技术操作不当引起的问题和解决的措施。

三、月季采收与保鲜训练

（一）目的和要求

熟悉切花月季采收标准和方法，掌握采后保鲜储藏技术。

（二）材料和工具

枝剪、塑料水桶、保鲜剂、打刺机、切花月季、保鲜柜、塑料袋、丝裂膜等。

（三）实训方法

（1）在清早或傍晚采收，提前备好工具、用品，分组、分地点采收。

（2）观察月季花萼是否平展，第1或第2花瓣是否露色外展。留足营养枝长度，尽量延长切花枝长度至25厘米以上，剪口平滑，及时用清水浸下切口。

（3）按品种色泽、长度分级，打去下部20～25厘米的叶和刺，喷上保鲜液，20枝1束绑扎枝条中下部，再用塑料袋或纸袋套花朵部分，在2℃左右条件下储藏。

（四）实训报告

记录切花月季采收的过程，分析保鲜的原理和作用。

学习笔记

1 一年生露天地被花卉生产

■ 矮牵牛

矮牵牛又名喇叭花、朝颜、碧冬茄、番薯花，于茄科矮牵牛属，在北方为一年生花卉，在南方可作多年生栽培。

（一）形态特征

茎梢直立或卧倒，株高 30～60 厘米，全身被短毛。上部叶对生，中下部互生，卵圆形，先端尖，全缘。花单生于枝顶或叶腋，花冠喇叭状，花径 5～6 厘米，花筒长 6～7 厘米，有白色和深浅不同的红色、紫色及复色、间色镶边等品种。花萼 5 深裂，雄蕊 5 枚。蒴果卵形，成熟后呈 2 瓣裂。种子细小，千粒重 0.16 克，种子寿命 3～5 年。花期长，北方可从 4 月开到 10 月，南方冬季亦可开花。

（二）生态习性

本种是由南美的野生种经杂交培育而成。性喜温暖，不耐寒，耐暑热，在干热的夏季也能正常开花。喜向阳和通风良好的环境条件，在阴雨较多和气温较低条件下开花不良，多不结实。要求排水良好、疏松的酸性沙质土，土壤应保持湿润，但不要过于肥沃，以免徒长倒伏。

(三) 繁殖技术

矮牵牛主要是播种繁殖，也可扦播繁殖。

1. 播种繁殖。 播种期一般根据用花期来安排，如"五一"用花，其播种通常在前一年的 9～10 月至当年的 1～2 月进行，盆苗在大棚或温室内培育成长，若迎国庆用花，则播种期为 6 月，苗期应在设施内培育。3～4 月播种提供平时用花。

（1）常规播种。矮牵牛种子极度细小，播种前需精细整地，去除杂物，保持土壤处于湿润疏松状态，用 0.1% 百菌清进行土壤消毒，然后撒上适量种子，浇透水，使种子与细土密切结合，再覆上一层薄薄的细土。夏季播种必须加盖遮阳网庇荫。冬季播种在大棚内尚需加盖弓形小塑料棚保暖。种子在 20℃ 时 5～7 天即可发芽，播种夏季 3 天可发芽，出苗后及时除去覆盖物，注意通风换气，用细喷雾给水。小苗长出 3～5 片真叶时可进行移植，并摘心。矮牵牛以带土尽早上盆定植为好，以利发棵。上盆后为促其分枝可进行 2～3 次摘心。

（2）箱播。用木箱或塑料箱做播种容器，箱高 10 厘米左右。播种介质用园艺蛭石。装入播种箱 2/3 的厚度。弄平后浇透水，将矮牵牛的种子均匀撒播于箱内，不用覆土。冬季播种时播种箱上盖玻璃，保温保湿；夏季气温较高时播种，箱上盖黑色塑料膜保湿。出苗后及时去除覆盖物，通风给弱光，1 周后加强光照。由于蛭石营养较少，及时喷施营养液。待小苗子叶展开后分苗于 288 孔或 200 孔的穴盘内进行育苗。分苗方法：用小竹签将小苗挑入穴盘小孔内，将根系埋入介质内，每穴 1 苗，栽完 1 个穴盘后，及时用细喷雾浇透水，半阴处养护，2～3 天后正常管理。

2. 扦插繁殖。 重瓣品种因采种困难，可用扦插繁殖，取花后重新萌生的侧枝作为插穗。在 5 月和 9 月进行扦插为宜。或根据需要除严寒、酷暑外均可扦插。选用新芽枝，长 5～6 厘米，插穗保留 3 对叶，其余去掉，扦插于 128 孔的穴盘里，可用蛭石或蛭石与珍珠岩 1：1 混合做基质。插后喷透水，用遮阳网遮阳，经常注意喷水保湿，在 22～25℃ 的温度下，15 天左右可生根发芽。长出 3～4 片新叶后，从穴盆内脱出上盆或定植，加强水肥管理，约 1 个月后可开花。

（四）栽培技术

当真叶 5～6 枚时进行移植，间距 5 厘米×5 厘米，或上盆于 10 厘米×12 厘米营养钵里，培育至开花，供应市场。矮牵牛在栽培过程中，要经常进行摘心，这样可限制株高，还能促使其萌发新芽，使盆栽矮牵牛更显丰满。移栽，定植后，一般每隔 10～15 天施复合肥 1 次，直至开花。施肥不要过多，盆土不宜太湿，否则容易徒长倒伏。矮牵牛既适于大面积花坛和公共绿地栽植，也适于庆典活动和楼、堂、馆、所摆花及家庭阳台装饰。

■ 美女樱

美女樱，马鞭草科马鞭草属，多年生草本植物，常作一年生花卉栽培。

（一）形态特征

茎四棱、横展、匍匐状，低矮粗壮，丛生而铺覆地面，全株具灰色柔毛，长 30～50 厘米。叶对生有短柄，长圆形、卵圆形或披针状三角形，边缘具缺刻状粗齿或整齐的圆钝锯齿，叶基部常有裂刻，穗状花序顶生，多数小花密集排列呈伞房状。花色多，有白、粉红、深红、紫、蓝等不同颜色，也有复色品种，略具芬芳。花期长，4 月至霜降前开花陆续不断。蒴果，果熟期 9～10 月，种子寿命 2 年。

（二）生态习性

原产巴西、秘鲁、乌拉圭等地，现世界各地广泛栽培，中国各地也均有引种栽培。喜阳光、不耐阴，较耐寒、不耐旱，北方多作一年生草花栽培，在炎热夏季能正常开花。喜温暖湿润气候，对土壤要求不严，但在疏松肥沃、较湿润的中性土壤中能节节生根，生长健壮，开花繁茂。在上海小气候较温暖处能露地越冬。

（三）繁殖技术

繁殖方法主要有扦插、压条，亦可分株或播种。播种可在春季或秋季进行，常以春播为主。早春在温室内播种，2片真叶后移栽，4月下旬定植。秋播需进入低温温室越冬，来年4月可在露地定植，从而提早开花。4月末播种，7月即可进入盛花期。播种后反复浇水会降低发芽率，所以应在播种前把土壤浇透，播后保持土壤及空气湿润。可将植株移入温室越冬，翌年作为繁殖插穗的母株。

扦插可于4～7月，在气温15～20℃的条件下进行，剪取稍硬化的新梢，切成6厘米左右的插条，插于温室沙床或露地苗床。扦插后即遮阴，2～3天后可稍受日光，促使生长。经15天左右发出新根，当幼苗长出5～6枚叶片时可移植，长到7～8厘米高时可定植。植株成活后适时摘心，促使枝叶繁茂，多开花。上海地区常于秋季9月在冷床或低温温室内培养小苗，翌年春季用其新枝扦插，植于露地花坛，也可用匍枝进行压条，待生根后将节与节连接处切开，分栽成苗。

（四）栽培技术

在开花之前一般地进行2次摘心，以促使萌发更多的开花枝条：上盆1～2周后，或者当苗高6～10厘米并有6片以上的叶片后，把顶梢摘掉，保留下部的3～4片叶，促使分枝。在第1次摘心3～5周后，或当侧枝长到6～8厘米长时，进行第2次摘心，即把侧枝的顶梢摘掉，保留侧枝下面的4片叶。进行2次摘心后，株型会更加理想，开花数量也多。美女樱喜欢较高的空气湿度，空气湿度过低，会加快单花凋谢。也怕雨淋，晚上需要保持叶片干燥。最适空气相对湿度为65％～75％。

美女樱喜欢温暖气候，忌酷热，在夏季温度高于34℃时明显生长不良；不耐霜寒，在冬季温度低于4℃时进入休眠或死亡。最适宜的生长温度为15～25℃。一般在秋冬季播种，以避免夏季高温。美女樱春夏秋三季需要在遮阴条件下养护。在气温较高的时候（白天温度在 25℃ 以上），如果它被放在直射阳光下养护，叶片会明显变小，枝条节间缩短、脚叶黄化、脱落，生长十分缓慢或进入半休眠的状态。在冬季，由于温度不是很高，就要给予直射阳光的照射，以利于它进行光合作用和形成花芽、开花、结实。开花期放在室内养护一段时间后（10～15 天），就要把它搬到室外有遮阴（保温）条件的地方养护一段时间（1 个月左右），如此交替调换，以利于植株积累养分持续开花。

美女樱与其他草花一样，对肥水要求较多，但要求遵循"淡肥勤施、量少次多、营养齐全"的施肥（水）原则，并且在施肥过后，晚上要保持叶片和花朵干燥。

■ 一串红

一串红又名墙下红、西洋红、爆竹红，唇形科鼠草属，多年生草本花卉，因耐寒性差，常作一年生花卉栽培。

（一）形态特征

株高 30～80 厘米。茎四棱光滑，叶对生，卵形至阔卵形。总状花序顶生，萼筒及唇形花冠有红、紫、粉、白等色。小坚果卵形、黑褐色，千粒重 2.8 克，种子寿命 1～4 年。

（二）生态习性

原产南美巴西，喜光，喜温暖湿润的气候，不耐霜寒，生长适温为 20～25℃，夏季气温超过 35℃ 或连续阴雨，叶片黄化脱落。特别是矮性品种，抗热性差，对高温阴雨特别敏感。喜疏松、肥沃、排水良好、中性至弱碱性土壤。

（三）繁殖技术

一串红可用播种和扦插繁殖，以播种繁殖为主。

1. 常规播种繁殖。 一串红的常规播种期为 3 月下旬至 6 月上旬。因怕雨水过多影响种子发芽与幼苗生长，故一般都在塑料棚内或温室内播种。播种前，土壤可用0.1％托布津或多菌灵消毒，精细整地，保持湿润疏松状态，均匀地播下种子，经充分喷水，使种子与土壤密切结合，然后覆上一层薄土，再覆盖经消毒的秸草，既保温又保持土壤疏松，播后一般7天左右种子发芽，在此期间视土壤具体情况来决定浇水与否，发芽后及时揭除覆草，进入日常管理。待幼苗发出2～3枚真叶时，移植分苗，6枚真叶时进行摘心，以促分枝，并进行上盆或定植。

2. 穴盘播种繁殖。①穴盘。可选用288孔或200孔的塑料标准穴盘。②播种介质。可选用专业介质生产商生产的介质，虽然成本高，但是由于商品介质的品质稳定，使用安全可靠，已被众多种苗生产者接受。现用于种苗生产的介质品牌有"发发得"（Fafard）、"阳光"（SunGro）、"伯爵"（Berger）等。播种介质也可自行配制混合介质，但稳定性和安全性不如商品介质。配方有：75％加拿大泥炭＋25％蛭石；50％加拿大泥炭＋50％蛭石；75％加拿大泥炭＋25％珍珠岩；50％加拿大泥炭＋25％蛭石＋25％珍珠岩。配成后，最好对pH、EC值等指标进行测试调整后再使用。③填料。商品介质使用前要使其疏松。如果含水量少就用喷头洒水，水与介质充分混合后填料，填料时注意每孔填料的量要一致。④播种。可用机械播种和手工播种。播种机械种类主要有：手持管式播种机、板式播种机、针式精量播种机、滚筒式播种机。根据需要进行选购。播种育苗量不多的情况下也可采用手工播种，每孔播1粒种子。⑤覆土和淋水。覆土可用与播种介质相同的介质或用粗粒蛭石，厚度为种子直径的2～3倍。然后用细目喷头淋水，浇水充分，防止冲走种子。然后进入发芽室发芽。

发芽后进入温室或大棚内绿化，炼苗，当幼苗发出2～3枚真叶时，进行上盆，初花后脱盆定植应用。

（四）栽培技术

幼苗长出真叶后，进行第1次分苗。苗期易得猝倒病，应注意防治。当幼苗长到5～6片叶时，进行第2次分苗，也可直接上营养钵。

在温室中进行管理，也可以在 4 月下旬移入温床或大棚中管理。如需要盆栽的，可在 5 月上旬将一串红的大苗移植到 17～20 厘米花盆中。北方一般在 5 月下旬，一串红可以定植到露地。一串红从播种到开花大约 150 天，为了使植株呈丛生状，可对其进行摘心处理，但摘心将推迟花期，所以摘心时应注意园林应用时期。在一串红的生长季节，可在花前花后追施磷肥，使花大色艳。一串红花期较长，从夏天一直开到第 1 次下霜。南方可在花后距地面 10～20 厘米处剪除花枝，加强肥水管理还可再度开花。一串红种子易散落，在早霜前应及时采收，在花序中部小花花萼失色时，剪取整个花序晾干脱粒。一串红种子在北方不易成熟，如果进行良种繁育，可提前播种。

一串红用于大型花坛、花境的成片布置种植，远远望去一片艳红，鲜艳夺目。在草坪边缘、树丛外围成片种植效果也很好，摆放于盛大的会场，整个场景十分壮观，也可做阶前、屋旁的摆设。在新春的 3～4 月、"五一""六一""七一""十一"等各个节日都能开花，增添节日气氛。它适应性强，是我国园林中普遍栽培的花卉。

■ 鸡冠花

鸡冠花别名红鸡冠、鸡冠海棠，苋科青葙属，为一年生草本花卉。

（一）形态特征

株高 30～50 厘米，茎直立，少分枝，单叶互生，卵形或线状披针形，全缘，绿色或红色。穗状花序单生茎顶，花序梗扁平肉质似鸡冠，红色或黄色，花小，小苞片，萼片红色或黄色，胞果卵形，种子细小，亮黑色。

（二）生态习性

原产印度，我国广泛栽培。喜光，喜炎热干燥的气候，不耐寒，不耐涝，能自播。花期 7～9 月。

（三）繁殖技术

每年 5 月份，待气温较高时将种子播于露地苗床，因种子细小，覆土宜薄，若苗床湿润，3 天后就可发芽出土。

（四）栽培技术

幼苗期不宜过湿过肥，避免徒长。6 月中旬定植园地，株距 30 厘米。茎叶旺盛生长期，必须追施肥水，注意适时抹去侧芽，以利顶生花序的发育。鸡冠花花序形状奇特，色彩丰富，花期长，植株又耐旱，适用于布置秋季花坛、花池和花境，也可盆栽或做切花。

2 二年生露天地被花卉生产

■ 三色堇

三色堇别名蝴蝶花、猫儿脸、鬼脸花，堇菜科堇菜属，为二年生草本花卉。

（一）形态特征

株高 15～25 厘米，全株光滑，分枝多，真叶 6～8 枚时开始花芽分化，从真叶之下部开始分枝，且连续反复分枝并开花。自主枝分枝的第 3 分枝上所开的 1～2 朵花上采得的种子质量最好。果熟期 5～6 月，蒴果椭圆形，呈 3 瓣裂，千粒重 1.16 克。

（二）生态习性

原产欧洲西南部，性喜较凉爽的气候，较耐寒而不耐暑热。要求适度阳光，能耐半阴。要求肥沃湿润的沙质壤土。

（三）繁殖技术

播种一般在 8～9 月，播种方法同矮牵牛。6 月高山播种，10 月可栽植到花坛。种子发芽温度控制在 18～24℃。10～15 天出苗。子叶展开后及时分苗到 128 孔或 200 孔穴盘里，及时上盆。带花脱盆定植。

（四）栽培技术

三色堇喜肥，施肥的时间根据生长季节而有所不同，可视情况每隔 7～10 天施 1 次稀薄的液肥。盆栽三色堇追肥必须掌握两个原则：一是不施过浓的肥料，以防发生肥害。二是追肥前最好疏松土壤表层，以利肥分迅速渗透，尽快被吸收。水分管理：土壤或盆土不宜过于干燥。忌积水。

三色堇因色彩丰富，开花早，是优良的春季花坛材料。并可以盆栽，作为冬季或早春摆花之用，也是早春重要的园林花卉，宜植于花坛、花境、花池、岩石园、野趣园、自然景观区树下。

▪ 福禄考

福禄考别名草竹桃，小洋花、洋梅花，花葱科福禄考属，为二年生草本花卉。

（一）形态特征

茎直立，呈丛状生长，株高 15～45 厘米。叶对生，卵圆形至阔披针形，叶基部有时抱茎。顶生聚伞花序，花冠浅裂，圆形，花径约 2.5 厘米。花色以红色和玫瑰红色为主，尚有白、蓝、紫、粉等不同花色的品种。蒴果圆形，种子倒卵形，千粒重 1.55 克，种子寿命 1 年。花期 5～8 月，因品种而异。

（二）生态习性

原产美国南部，喜春秋温暖夏季凉爽的气候条件，怕暑热，有一定耐寒力。喜阳光充足，连日阴雨则生长不良。要求排水良好和疏松肥沃的土壤，忌盐碱和水涝。

（三）繁殖技术

常于 9 月份秋播，11 月带土团移植，防寒越冬，来春可定植花坛。温室早春 2 月播种，4 月亦可供栽花坛。7 月中旬以前剪取嫩枝扦插，遮阴养护，8 月下旬栽入花坛，可供"十一"国庆观花。

（四）栽培技术

定植前应施足量有机质基肥，以满足不断开花的需要。花坛定植株距可保持 30 厘米。注意灌水保湿润，排涝防积水。

福禄考是春秋两季花坛的优良美化材料，亦可盆栽摆设盆花群，是专业园林中必备的草花之一。

参考文献

北京林业大学园林系花卉教研组 . 2009. 花卉学 . 北京：中国林业出版社 .

曹春英 . 2010. 花卉生产与应用 . 北京：高等教育出版社 .

陈耀华，秦魁杰 . 2002. 园林苗圃与花圃 . 北京：中国林业出版社 .

单元自测

1. 简述一品红的生产技术。
2. 简述矮牵牛的生产技术。

技能训练指导

一串红扦插繁殖训练

（一）目的和要求

掌握一串红扦插繁殖技术。

（二）材料和工具

一串红扦插枝、培养土、遮阳网等。

（三）实训方法

（1）一串红扦插繁殖，一般于 5～6 月进行。根据用花需要，除严寒、酷暑季节外，在保护栽培下随时可以进行。

（2）从母株上剪取组织充实的侧枝，摘去顶端，长 5～6 厘米，插入已经准备好的培养土中，深度 1～2 厘米。

（3）插后浇透水，注意用遮阳网遮阳，经常保持床土湿润。

（4）插后 10 天发根，发根后用 50％覆盖率的遮阳网遮阳至秋凉。

（5）插后 1 个月上盆（定植）。

（四）实训报告

一串红扦插繁殖技术流程及技术要点。

学习
笔记

1 木本花卉基本生产技术

■ 繁殖技术

（一）播种繁殖

方法简便，繁殖量大，但变异性大，且开花结实较迟，播种后需3～5年才能开花。花卉播种时期大致分为春播和秋播。

（二）扦插繁殖

不同的花卉种类可采用不同的营养器官进行扦插。紫薇、芙蓉、石榴等采用生长成熟的休眠枝条进行扦插。米兰、杜鹃、月季、山茶、桂花等在夏季用发育充实的带叶枝梢进行扦插。秋海棠、非洲紫罗兰等叶片肥厚多汁的花卉可采用一片叶或叶的一部分作为插条进行扦插。洋丁香、美国凌霄等可用其根段进行扦插繁殖。

（三）嫁接繁殖

其方法主要有切接法、劈接法、靠接法、嫩枝嫁接法、盾形芽接法、方块形芽接法等。嫁接繁殖的成功，除选择好砧木及适宜的嫁接时期外，还要有熟练的操作技术及良好的接后管理。某些不易用扦插、压条、分株等无性繁殖的花卉，如山茶、白兰花、梅花、桃花、樱花等，常用嫁接法大量繁殖。

◾ 生产管理技术

（一）上盆与换盆

温室木本花卉一般在春季、秋季上盆进行栽培，春季与秋季一般在阴天或傍晚上盆，上盆一般在休眠期进行。盆要洗净浸水，盆底洞口上放几片碎瓦片，放一层粗沙，再放入部分营养土，将苗木根系舒展地放在营养土上，再加营养土，边放边轻拍盆边，最后将土轻轻压实，盆口留 3 厘米作为水口，浇水用。全部上盆后浇 1 次透水。注意 2～3 年苗上盆时要把老根短截，注意修根不要过重，栽植根系要舒展，植株要端正。每年换盆 1 次或隔年 1 次，先对花卉根部进行修剪，去除根圈及部分老根，新盆中首先装入部分新的营养土，再将带土花卉装入盆中。如条件限制不能及时换大盆的盆栽花卉也可用新的营养土装入原盆中，对花卉的老根进行修剪，去除根圈与部分根系，重新装好，再加足营养土，压实，浇足水分，也能保持花卉的生长势。

小常识

木本花卉常用的花盆有瓦盆、陶盆、瓷盆、紫砂盆等。栽培温室以瓦盆为最好，紫砂盆次之。

（二）除草与疏松盆土

在早期杂草还在幼嫩细小期，及时连根须拔除，不要等草长大根系布满盆土后再拔除，此时杂草与花卉的根系交集在一起，拔除杂草根系时会牵动花卉根系，影响花卉根系生长。所以经过一段时间浇水后要及时进行松土，松土采用竹片或小铁耙等工具。盆栽花卉生长时间较长后也需要进行松土，可结合除草进行松土，先除去杂草、青苔等，再进行松土。

（三）肥水管理

盆栽花卉的肥料常使用优质有机肥，如豆饼、菜饼、鸡粪、人粪尿等，皆可作为盆栽花卉的优质肥料。但有机肥料都要经过发酵处理后才能使用，还要加上水稀释后使用，不能直接使用生鲜的有机肥。

盆栽木本花卉采用软水喷浇较好，通常将水先放入储水池或大缸中储藏一段时间经晾晒后才可使用。盆栽花卉浇水时间一般在上午10时前或在下午4时后进行。浇水要浇透，不可浇半截水。要采用喷水壶，喷出雨点状水滴，进行喷浇。浇水时可先喷浇叶片，洗去叶片灰尘，有利于光合作用。不要将水直接喷向花朵，以免过早凋谢。春秋季节天气温暖，室外的盆栽花卉每天浇1次水。夏天高温炎热，无遮阳条件的室外盆栽花卉早晚要各浇1次水。冬季也要隔1~2周浇1次水，有利于盆花越冬。

（四）修剪

修剪是通过去除或剪截部分枝条、叶片，以使株形更加美观，促进植物生长，更新复壮，其中也包括去除残花败叶的过程。修剪的具体内容包括修枝、更新复壮、重剪、除叶、短截和摘心等。

1. 修枝。主要目的是保持树形外观整齐。一般来说，着重修剪重叠的小枝、不规则的叉枝、多余的内膛枝、柔弱枝、枯枝和病虫枝等。剪口要平整，不留茬桩。常用于杜鹃、桃花、贴梗海棠、山茶花等观赏花木。常在花后或落叶后进行。

2. 更新复壮。通过剪除老枝、病枝和残损枝等，以促进新枝生长，达到更新的目的。常用于花灌木如三角花、龙船花、佛手、木槿等。

3. 重剪。剪除所有新枝和嫩枝，只保留主干主枝，力求植株呈丛生状。一般当年生枝开花的种类都用重剪，如倒挂金钟、扶桑、木芙蓉等。修剪应在花后进行，在离茎干基部以上 5 厘米处剪去所有枝条。

4. 短截。是修剪中最厉害的措施，要剪除整个植株或剪去离主干基部 10～20 厘米以上的植株，以促使植株主干的基部或根部萌发新枝。常用于植株过高、居室中难于存放或植株生长势极度衰弱的植株种类，通过短截措施，以便焕发生机。适用于三角花等藤本植物。

5. 摘心。主要通过摘心，促使多分枝，多形成花蕾、多开花，使株形更紧凑。适用于倒挂金钟等。

6. 除叶。常用于盆景的管理，为了延缓植株生长，保持植株叶片细小美观。在 5～6 月将植株上所有叶片剪除，经几个星期后，重新萌芽长出新叶。适用于枫树、榕树等盆景。

⚠ 温馨提示

　　在木本花卉修剪过程中，去除残花败叶也十分重要，又称"疏剪"。摘除残花，不仅美化了植株，还有利于新花枝的形成，如杜鹃、倒挂金钟、栀子花等。另外，去除枯叶、死叶，有条件的清洗叶片，不仅美化了植株外观，预防害虫侵袭，而且有益于植株健康生长。

2 主要木本花卉生产

■ 杜鹃花

（一）形态特征

杜鹃花别名映山红、山鹃、满山红、山石榴、山踯躅、红踯躅，杜鹃花科杜鹃花属。杜鹃花是传统十大名花之一,被誉为"花中西施",以花繁叶茂,绮丽多姿著称。

图 8-1 杜鹃花

(二) 生态习性

杜鹃花为常绿或落叶灌木,主干直立,单生或丛生,枝条互生或近轮生,单叶互生,常簇生枝端,全缘,枝、叶有毛或无,花两性,常多朵顶生组成穗状,伞形花序,花色丰富。由于地理种群的不同,对温度的要求各有差异,有耐寒及喜温两大类型,喜凉爽湿润的气候。对光照要求不严,不喜曝晒,夏秋季需遮阴以防灼伤。忌干燥,生长期间需常喷水,以增加湿度和降温,不耐水涝。要求土壤肥沃酸性,pH 5～6,忌含石灰质的碱土和排水不良的黏质土壤。根浅而细,喜排水良好的土壤,忌浓肥。

(三) 品种类型

我国目前广泛栽培的杜鹃品种分为东鹃、毛鹃、西鹃和夏鹃四个类型。

1. 东鹃。 即东洋鹃,因来自日本而得名。本类品种甚多,这类花卉体型矮小适合于路庭院栽培,比较耐寒,华东华中地区冬天能自然越冬。其主要特征是体型矮小,高 1～2 米,分枝纤细紊乱,叶薄色淡,毛少有光亮,花期 4～5 月,着花繁密,花朵小,一般花径

2～4厘米，最大6厘米，单瓣或由花萼瓣化而成套筒瓣，少有重瓣，花色多样。品种有新天地、雪月、碧止、日之出以及能在春、秋2次开花的"四季之誉"等。

2. 毛鹃。俗称毛叶杜鹃、大叶杜鹃或野生杜鹃等。江浙、山东南部地区自然生长较多。其特征是体型高大，达2～3米，生长健壮，适应力强，可露地种植，是嫁接西鹃的优良砧木。幼枝密被棕色刚毛，叶片长达10厘米，粗糙多毛。花大、单瓣、宽漏斗状，少有重瓣，花色有红、紫、粉、白及复色等。栽培较多的有玉蝴蝶、紫蝴蝶、流球红、玲珑等品种。

3. 西鹃。最早在西欧的荷兰、比利时育成，故称西洋鹃、比利时杜鹃。主要特征是体形矮壮，株形紧凑，花色丰富，怕晒怕冻。叶片厚实，深绿色，毛少，叶形有光叶、尖叶、扭叶、长叶与阔叶之分。花期2～5月，花色和花瓣多种多样，多数为重瓣、复瓣，少有单瓣，花径6～8厘米，最大可达10厘米。品种有皇冠、天女舞、四海波及一些新的杂交品种。西鹃是杜鹃花中花色和花型最多、最美的一类，非常适于盆栽。

4. 夏鹃。原产印度和日本。其特征是发枝在先，开花最晚，花期5～6月，枝叶纤细，分枝稠密，树冠丰满、整齐，高1米左右。叶片狭小，排列紧密。花宽漏斗状，花径6～8厘米，花色、花瓣丰富多样，花有单瓣、复瓣、重瓣。传统品种有长华、大红袍、五宝绿珠、紫辰殿等。

（四）繁殖技术

盆栽杜鹃多采用扦插繁殖，也可用压条、嫁接和播种法繁殖。

1. 扦插繁殖。选取当年生健壮、无病虫害、老嫩适中的新梢做插穗（带踵），用利刀在基部斜削1刀，西鹃5～7厘米，东鹃、夏鹃6～8厘米，毛鹃8～10厘米。随采随插成活率高。扦插时间5月下旬至6月中旬，秋季8月下旬至9月中旬，室内2～4月也可。扦插方法是将插穗全长的1/2～1/3插入基质中，用手指在插穗四周稍稍压实。用浸水法或细孔喷壶浇透，插后15～30天可生根。

2. 嫁接繁殖。 在繁殖西鹃时采用较多，用扦插成活的二年生毛鹃做砧木，5～6月进行劈接，或5月中下旬在砧木基部6～7厘米处斜切1刀，进行嫩枝腹接。也可在杜鹃生长季节用靠接法，接后4～5个月伤口愈合。

3. 播种繁殖。 主要用于新品种培育，种子成熟后，设施内随采随播，播种可加少量细土，均匀撒播于基质之上，然后覆盖一层细土，以盖没种子为度，表面再覆盖保湿，置于阴处，温度15～20℃，20天左右出苗。此后可将覆盖物揭去，注意通风，干燥时喷水保湿。长出2～3片真叶时进行间苗，苗高2～3厘米时，进行分苗，可以3厘米左右的间距浅种在较大的盆中，浸水法湿润，并遮阴培养。苗期需避免强光，土壤不宜太湿，浇水仍行喷雾。第2年可定植到小盆里，一般3～4月便能见花。

（五）栽培技术

杜鹃花的园艺品种大部分既可地栽，又能盆栽，其中以西鹃最适宜盆栽，盆栽商品价值高，花期容易控制，是进行日光温室促成栽培的首选品种。

1. 适用设施。 杜鹃花的生产周期较长，一般需培养2～3年以上才能形成商品盆花，因此，栽培场地既需要温室，也需要荫棚。冬季需要在日光温室里培养，最低温室一般控制在6℃以上，夏天必须遮阴降温，最高气温控制在35℃以下，这样可保持杜鹃周年四个季生长，因此在建有温室的基础上，还须有配套的荫棚。一般可将温室夏季覆盖遮阴网进行遮阴栽培，并加强室内通风降温。

2. 培养土配制。 杜鹃属酸性植物，在配制培养土时常用的基质有泥炭、腐叶土、松针土、锯末以及混合基质，要求pH 5～6，并且疏松透气。

3. 上盆。 为使杜鹃根系透气和降低成本，一般选用瓦盆，也可用塑料盆。盆的大小应适苗适盆，以免浇水失控，影响生长。一般1～2年生杜鹃选用10厘米盆，3～4年生选用15～20厘米盆，5～7年生用20～30厘米盆。上盆时，应在盆底垫入碎瓦片，以利通气透水，上盆压土时，应从盆壁向下压，以免伤根。

4. 浇水。杜鹃根系细弱，既怕干，又怕涝，栽培中浇水必须十分注意，以免因水分过多过少引起落叶和影响开花。一般情况下盆土应见干见湿，春秋两季可每2~3天浇1次透水。夏季气温高，每天清晨和傍晚各浇1次水，同时要向地面和花盆周围地面喷水，以增加空气温度。连阴雨天，应及时倾倒盆内积水，防止烂根。北方的地下水偏碱性，为防盆土碱化，可每隔1个月施1次1%~2%的硫酸亚铁溶液。

5. 施肥。杜鹃花要求薄肥勤施。一般春季和夏初每隔半月左右施1次稀薄的液肥。花芽分化期增施1次速效性磷钾肥，促进花芽分化。盛夏季节，杜鹃花呈半休眠状态，应停止施肥。入秋以后，追施1~2次以磷肥为主的液肥，以满足其生长和孕蕾的需要。花后新枝生长期肥料浓度可增加一些，但仍忌浓肥，以免伤根落叶。如出现叶片黄化的生理病害，可用矾肥水代替一般液肥进行浇灌，也可以向盆中施硫酸亚铁或用0.2%的硫酸亚铁溶液喷洒叶面。

6. 整形修剪。杜鹃花的萌发力较强，枝条密生，应结合换盆疏除过密枝、交叉枝、纤弱枝、徒长枝和病虫枝。生长期间剪除枝干上萌发的小枝，疏去过多的花蕾，每枝保留一朵花，花后摘除残花。整形有伞形、塔形等，应自幼通过修剪逐渐养成。

7. 遮阴。盆栽杜鹃5~10月都需要遮阴，春秋季遮光少些，可用30%的遮阴网，夏季用70%左右的遮阴网，以达到降温增湿的目的。

8. 花期调控。杜鹃一般于7~8月开始孕蕾，花蕾发育时间较长。冬季进入温室管理后，花蕾仍在发育，此时，通过温度调控很容易将花期控制在元旦和春节。如温室温度维持在15~20℃，约需20天即可开花；若要推迟花期可降低温度在5~10℃，开花前再提高温度即可。

（六）病虫害防治

杜鹃花的病虫害相对较少，常见的虫害有红蜘蛛，可用三氯杀螨醇等药剂喷杀。常见的病害主要是褐斑病，可用托布津、波尔多液进行防治。

■ 山茶花

(一) 形态特征

山茶花是山茶科山茶属的常绿灌木，高可达3～4米，树干平滑无毛。叶卵形或椭圆形，边缘有细锯齿，革质，表面呈亮绿色。花单生或对生于叶腋或枝顶，花瓣近于圆形，变种重瓣花瓣可达50～60片，花的颜色，红、白、黄、紫、墨色均有，十分鲜艳。花期因品种不同而不同，从10月至翌年4月间都有花开放。蒴果圆形，秋末成熟，但大多数重瓣花不能结果。

图8-2　山茶花

(二) 品种类型

山茶除原种外，园艺品种很多。当今世界上山茶品种有5000余个。

1. 单瓣类。花瓣排列1～2轮，5～7片，基部连生，多呈筒状，雌、雄蕊发育完全，能结实。

2. 重瓣型。花瓣排列2～4轮，雄蕊小瓣与雌蕊大多集中于花心，雄蕊大多趋向退化，偶能结实，如白绵球、猩红牡丹等。

3. 五星型。花瓣排列2～3轮，花冠呈五星形，雄蕊存，雌蕊趋向退化。如东洋茶等。

4. 荷花型。 花瓣排列 3～4 轮，花冠呈荷花型，雄蕊存，雌蕊趋向退化或偶存。如十样景、虎爪白等。

5. 松球型。 花瓣排列 3～5 轮，呈松球状，雌、雌蕊均存在。如大松子。

6. 重瓣类。 大多雌蕊瓣化，花瓣自然增加，花瓣数在 50 片以上（包括雄蕊瓣）。

（三）生态习性

山茶花原产我国，喜温暖、湿润的环境。属半阴性植物，宜于散射光下生长，怕阳光暴晒，但长期过阴对山茶花生长不利，叶片薄、开花少，影响观赏价值。成年植株需较多光照，以利于花芽的形成和开花。怕高温，忌烈日。山茶花的生长适温为 18～25℃，耐寒品种能短时间耐－10℃，一般品种－4～－3℃。夏季温度超过 35℃，就会出现叶片灼伤现象。喜土层深厚、疏松，排水性好，pH 5～6 的土壤。

（四）繁殖技术

1. 播种繁殖。 10 月上、中旬，将采收的果实放置室内通风处阴干，待蒴果开裂取出种子后，立即播种。若秋季不能马上播种，需行沙藏至翌年 2 月间播种。

2. 扦插繁殖。 6 月中旬和 8 月底左右最为适宜。选树冠外部组织充实、叶片完整、叶芽饱满的当年生半熟枝为插条，长 8～10 厘米，先端留 2 片叶。扦插时使用 0.4％～0.5％吲哚丁酸溶液浸蘸插条基部 2～5 秒，有明显促进生根的效果。插床需遮阴，每天喷雾叶面，保持湿润，温度维持在 20～25℃，插后约 3 周开始愈合，6 周后生根。当根长 3～4 厘米时移栽上盆。

3. 压条繁殖。 一般采用高空压条的方法。梅雨季选用健壮的 1 年生枝条，离顶端 20 厘米处，进行环状剥皮，宽 1 厘米，用腐叶土缚上后包以塑料薄膜，约 60 天后生根，剪下可直接盆栽，成活率高。

4. 嫁接繁殖。 常用于扦插生根困难或繁殖材料少的品种。砧木以油茶为主，以5～6月新梢已半质化时进行嫁接成活率最高。采用嫩枝劈接法或带木质部芽接法，嫁接时注意对准两边的形成层，用塑料条缚扎，套上清洁的塑料口袋。约40天后去除口袋，60天左右才能萌芽抽梢。

（五）栽培技术

山茶花宜放置于温暖湿润、通风透光的地方。春季要光照充足，夏季应注意遮阴，避开阳光直射。冬季要求3℃以上的室温。

山茶花要保持土壤湿润状态，但不宜过湿，防止时干时湿。一般在春季可适当多浇水，以利发芽抽梢；夏季坚持早、晚浇水，最好喷叶面水，使叶片湿透，不要用急水直浇、满灌，不宜浇热水，避开中午前后高温时浇水；秋季浇水要适量；冬季则宜在中午前后浇水，可每隔2～3天喷1次水。

山茶花喜肥，在上盆时就要注意在盆土中放基肥，以磷钾肥为主，施用肥料包括腐熟后的骨粉、头发、鸡毛、砻糠灰、禽粪以及过磷酸钙等物质。平时不宜施肥太多，一般在花后4～5月间施2～3次稀薄肥水，秋季11月施1次稍浓的水肥即可。用肥应注意磷肥的比重稍大些，以促进花繁色艳。

山茶花的生长较缓慢，不宜过度修剪，一般将影响树形的徒长枝以及病虫枝、弱枝剪去即可。若每枝条上的花蕾过多，可疏花仅留1～2个，并保持一定距离，其余及早摘去，以免消耗养分。此外，还要及时摘去接近凋谢的花朵，也可减少养分消耗，以利植株健壮生长，形成新的花芽。

山茶可1～2年翻盆1次，新盆宜大于旧盆一号，以利根系的舒展发育。翻盆时间宜在春季4月，秋季亦可。结合换土适当去掉部分板结的旧土，换上肥沃疏松的新土，并结合放置基肥。

（六）病虫害防治

山茶花的病害主要有黑霉病、炭疽病等，可喷洒0.5波美度波尔多液进行防治。虫害主要有茶梢蛾，防治方法可剪除虫梢，一般在

4～6月进行为宜。亦可用药剂甲胺磷 2 000 倍液喷洒防治，喷药时间在 3 月底 4 月初，即越冬幼虫危害较轻时为宜。

■ 金橘

金橘又名金枣、金柑、牛奶金柑、羊奶橘，盆栽金橘，入冬后绿叶丛丛，红果或黄果累累，璀璨夺目。清香阵阵，窗前案头放置一盆，顿时使室内生机勃勃，情趣盎然，有极高的观赏价值。

（一）形态特征

金橘为芳香科金橘属常绿灌木，树冠呈圆球形，枝密生，叶椭圆形或披针形，色绿质厚，6 月初开白色小花，1 年内可连续开花 3～4 次。果称"伏果"，金黄色，亦有红色的，大小如枣，有清香，7～8 月开秋花，并坐秋果，11 月果实成熟，椭圆形。挂果时间长，叶片翠绿，形态美观。金橘可皮肉合食，味甜香酸，食之满口清香。其果实、叶片均可泡茶，有化痰顺气的药用功效。

（二）生态习性

金橘适宜在热带、亚热带地区生长，属于常绿果树，性喜温暖湿润气候，金橘生长最适宜的温度为 25～30℃。喜排水良好、肥沃、疏松的微酸性沙质土壤。

（三）繁殖技术

盆栽金橘常用枸橘做砧木与金橘靠接，砧木要提前 1 年盆栽，翌年 6 月进行靠接，靠接成活长出新枝梢后，剪断砧木，加强管理，增强营养生长，使之早日成株。根据盆土的情况适时浇水，夏秋季施液肥 4～5 次，以氮肥为主，配适量磷、钾肥。同时适当修剪，形成一定的树形。霜降后放在 5℃ 以上的环境中保温越冬。

（四）栽培技术

1. 幼树管理。幼树期是指定植后到第 1 次开花结果期前，一般为 2 年。这个时期的管理目标是培养合理的树形结构，积累树体营养，为进入结果投产期做好物质准备。

小常识

盆栽金橘如何换盆

盆栽金橘每隔 2～3 年换盆 1 次，可在 3～4 月或 9～10 月进行，以 3～4 月金橘发芽前进行最好。

盆大小依植株大小而定。盆土应用疏松、肥沃的酸性壤土，可用腐叶土 4 份、沙土 5 份、饼肥 1 份混合配制成营养土。换盆时要保留 2/3 旧土团，剪去烂根，剪短粗根，装好盆后浇足水，保持盆土湿润，10 天内避光放置，待植株恢复生长后再见光，正常管理。

（1）水分管理。金橘幼树期处于生长发育期，需水量比较大，一般每周灌水 1 次，在每天的早上或傍晚进行灌水，浇水量就要多些，每次要浇透。如果雨水充足，可不进行浇水，并注意排水防涝。

（2）追肥。在第 1 年的 5～10 月，可根据金橘的生长状况，追肥主要抓好 3 次肥（攻、促、壮梢肥），促使枝梢生长，分别于 3 月中下旬、5 月中下旬和 7 月中下旬各施 1 次，株施腐熟人粪尿加 0.2%～0.4% 尿素，用量 1.5～2 千克，随树的生长逐年增加。展叶至叶老熟期间，叶面喷施 0.3% 的尿素加 0.3% 的磷酸二氢钾液 2～3 次（必要时可与农药混合防治病虫害），促进枝梢健壮老熟。冬季施基肥，每盆施土杂肥 5 千克或猪、牛粪 2.5～5 千克，加磷肥 100 克、钾肥 50 克。施肥方法是在盆内挖 4 个穴，把肥料与土混匀后施入，上面覆土。

（3）疏梢。疏梢是金橘幼树期一项比较重要的工作，金橘在每年的春、夏、秋季对都会萌发新的枝条，如果不进行疏梢处理，会导致枝条的疯长，会浪费很多的营养。在春、夏、秋的新梢生长期，当新梢长到25～30厘米时进行疏梢，从新梢的基部向上留8～12片叶子，以上部分全部剪掉。每个末级梢端一般能抽生3～5条新梢，必须疏去畸形梢和弱梢，保留2～3条健壮新梢。

2. 整形修剪。整形修剪是金橘盆栽管理中的重要一环，一般1年修剪3次。

第1次重剪缩枝，一般在3月20日左右，要低剪，但要留好骨干枝。低剪的好处是使新株壮旺、紧凑，结果枝硬朗。挂果树则应摘除余果，适当高剪。尤其要注意把弱枝、病虫枝、内膛枝剪去，确保树冠紧凑、整齐一致，剪后控制浇水量。

第2次剪梢，一般在5月下旬，具体时间要根据第1次抽梢后枝叶老熟程度决定，未老熟就修剪新梢少又弱，但过迟修剪则影响生长。梢叶老熟的标志是转深绿色、叶芽膨大，应注意第2次剪梢不宜过低，保持树冠整齐即可。

第3次剪梢，一般在7月初，修剪要求与第2次差不多，但工作要更细致。第3次梢是结果梢，修剪过低则新梢粗壮而少，不利扣水开花，修剪过高则结果枝软。具体时间应适当考虑第3次梢的扣水开花季节要求，一般情况，第3次梢老熟都在扣水阶段。

3. 结果树管理。金橘具有一年多次开花、多次结果的习性，没有明显的大小年现象，一般花量都比较大，但往往坐果率不是很高，促花保果是这一时期最主要的任务。

盆橘必须经扣水才能预期开花。幼果期要注意保果，恢复树势，壮果期要加强施肥管理，使橘果大小整齐匀称，适时上市。

（1）扣水开花。扣水时间大约安排在立秋后。扣水前，喷过磷酸钙的浸出液或磷酸二氢钾以利花芽分化。具体扣水时间根据梢叶老熟程度决定。梢叶老熟的外观形态是：梢叶定型后，梢枝叶片转深绿色，手摸梢叶不软，不粘手。

扣水的时间长短，根据天气、生长势不同来决定，扣水采用晴天卷叶褪色法，一般6～8天。阳光好，气温高（日均温以上）花芽易分化，扣水时间长短可灵活掌握。

卷叶后，中午阳光强烈时要适当喷叶 2～3 次。防止日灼的发生。卷叶褪色 3 天后要适当回水，以利花芽分化，但不能使叶片回生。回水时间以晴天上午 9:00 前后为宜。扣水期遇雨，可在雨前将盆侧倒。

经过扣水后，肉眼可见芽眼肿大，顶部较宽平、微凹。再浇足水，迅速恢复树势，施肥促花。扣水后开花前，喷硼酸，以保花及授粉。

（2）开花幼果期管理。金橘盛花后，即谢化显果。保果是此阶段管理的中心工作，而迅速恢复树势，是保果的关键。如叶色出现淡绿色带黄则是大量落果的征兆，除应及时补足水分外，还要实行根外追肥，可用尿素、磷酸二氢钾、硼酸等喷叶。当谢花后 15～20 天，大量生理落果基本停止。幼果已自然分大小，此时，畸形果及小果多而不落的则要人工疏果，以免争夺养分。

（3）壮果期管理。9 月下旬，果实已有 0.6～0.8 厘米大，开始进入果型膨大高峰期，要随时保持盆橘叶色浓绿、幼果色浓绿。施肥以菜枯为主，每隔半个月施 1 次，每盆施 20～25 克，直至果实开始转黄为止。

（五）病虫害防治

1. 潜叶蛾。防治关键在新梢萌发时，及时用敌杀死溶液每隔7 天喷杀 1 次，或用乐果、杀虫双、亚胺硫磷、万灵等药每隔 3～4 天喷 1 次，连续 3～4 天。

2. 红蜘蛛。红蜘蛛体型较小，应经常注意观察为害情况，常用药物有双甲脒、尼索朗、克螨特、三氧杀螨醇等。红蜘蛛对农药易产生抗性，必须交替使用农药，连续喷杀。

参考文献

包满珠 . 2009. 花卉学 . 北京：中国农业出版社 .

北京林业大学园林系花卉教研组 . 2009. 花卉学 . 北京：中国林业出版社 .

曹春英 . 2009. 花卉生产与应用 . 北京：中国农业大学出版社 .

韦三立 . 1999. 观赏植物花期控制 . 北京：中国农业出版社 .

元自测

1. 简述盆栽木本花卉的栽培管理要点。
2. 如何进行杜鹃的嫁接繁殖？
3. 室内山茶花如何养护？
4. 如何培养盆栽金橘？

技能训练指导

木本花卉嫁接繁殖训练

（一）目的和要求

掌握木本花卉嫁接繁殖的基本技术。

（二）材料和工具

可供嫁接的砧木、接穗、枝剪、芽接刀、切接刀、绑扎材料、塑料袋、湿布等。

（三）实训方法

1. 选择嫁接季节和嫁接方法。 根据当地实际情况（最好结合生产）选择嫁接季节和嫁接方法。实训可多次安排，以保证切接、劈接、芽接和靠接这4种主要嫁接方法都得到训练。

2. 砧木、接穗处理。 根据嫁接方法选择砧木、接穗及处理方法。切接、劈接时注意砧木和接穗削切面的平整；芽接时注意砧木切口和芽片的齐合。嫁接量大时，要注意接穗保鲜，防止失水。

3. 嫁接。 注意砧木与接穗形成层的对接，仔细体验绑扎的松紧度，对嫁接苗及时管理。

（四）实训报告

分析木本花卉嫁接成活率高低的原因。

学习
笔记

1 花卉常见虫害及防治

花卉害虫种类很多，根据其为害部位及为害方式，常将其分为食叶类害虫、吸汁类害虫和地下害虫等。

■ 食叶类害虫

食叶类害虫共同特征是具有咀嚼式口器，取食植物的叶片、嫩枝、嫩梢或潜食叶肉，形成孔洞、缺刻，减少光合作用面积，增加水分蒸发，严重时可将叶片食光，导致枝条或整株枯死。食叶害虫种类繁多，主要有鳞翅目害虫，鞘翅目的叶甲、金龟子，直翅目的蝗虫类，膜翅目的叶蜂类，双翅目的潜叶蝇，软体动物中的蜗牛、蛞蝓等。

（一）食叶类害虫识别

1. 斜纹夜蛾。又名夜盗虫，全国各地均有分布，为多食性害虫，可为害多种草本、木本花卉，对草坪为害也很严重。

（1）形态特征。成虫体长 14～16 毫米，翅展 35～46 毫米。头、胸及腹均为褐色。胸背有白色毛丛。前翅灰褐色（雄虫颜色较深），前翅基部有白线数条，内、外横线间从前缘伸向后缘有 3 条灰白色斜纹，雄蛾这 3 条灰白色斜纹不明显，为 1 条阔带。后翅白色半透明。卵半球形，直径约 0.5 毫米，表面有纵横脊纹，黄白色，近孵化时呈暗灰色。卵块上覆盖有黄白色绒毛。老熟幼虫体长 40～50 毫米，头部黑褐色，胴部颜色随密度不同而有变化，褐色、黑褐、暗绿或灰黄色都有，密度高时色深，密度低时色浅。背线及亚背线橘黄色，中胸至第九腹节在亚背线内侧每节有半月形或三角形黑斑 1 对。蛹长 15～20 毫米，棕红色，腹部末端有棘 1 对。

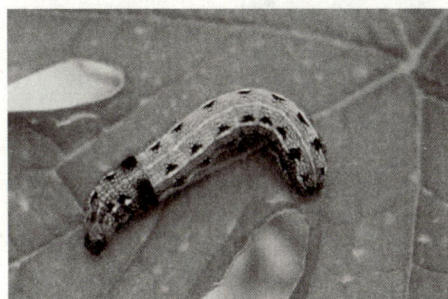

图 9-1　斜纹夜蛾幼虫

（2）生活习性。每年发生 4～8 代。大部分地区以蛹少数地区以幼虫在土中越冬，也有在杂草间越冬的。成虫昼伏夜出，取食花蜜来补充营养，具有较强趋光性和趋化性。成虫产卵于叶背，每雌产 3～5 块，每块 150～350 粒。幼虫多在晚上孵化，初孵幼虫群集叶背取食下表皮与叶肉。2 龄末期吐丝下垂，随风转移扩散。5～6 龄为暴食阶段。6～7 月阴湿多雨，常会暴发成灾，荷花、芋、菜豆受害最重。长江流域一带 6 月中、下旬和 7 月中旬草坪受害最重。幼虫有群集迁移的习性。

2. 黄刺蛾。初龄幼虫只食叶肉，大龄幼虫食叶成缺刻，甚至将叶片吃光，是园林植物主要多食性食叶害虫之一。

（1）形态特征。成虫体长 10～18 毫米，橙黄色，前翅内半部黄色，外半部褐色，有 2 条斜线在翅尖汇合。卵长约 1.4 毫米，浅黄色，一端稍尖，散产或数粒产于叶背。幼虫体 18～25 毫米，头黄褐色，体黄绿色，体背有一哑铃形褐色大斑，各节背侧有 1 对枝刺茧，长 11～14 毫米，蓖麻籽状，灰白色，有褐色纵宽纹，结于树干、枝上。

图 9-2　黄刺蛾幼虫

图 9-3　黄刺蛾成虫

（2）生活习性。华北 1 年 1 代，华东、华南 1 年 2 代。以老熟幼虫在树上结茧越冬，翌年 5～6 月间化蛹，6 月出现成虫，6 月下旬为幼虫为害盛期。成虫多在傍晚羽化，有趋光性。卵散产或数粒相连，多产于叶背。每雌产卵 50～70 粒。初孵幼虫先取食卵壳，后在叶背取食叶肉，4 龄后取食全叶。第 2 代幼虫在 8 月中、下旬大量出现。

3. 尺蠖。全国各地均有分布。主要为害锦葵、蔷薇、月季、菊花、一串红、山茶花等。此虫是间歇暴发性害虫。

（1）形态特征。成虫体长 15～20 毫米，体色变异很大，有黄白、淡黄、淡褐、浅灰褐色，翅上横纹和斑纹均为暗褐色。卵为长椭圆形，长 0.73 毫米，宽 0.4 毫米，青绿色，有深黑色、灰黄色斑纹。

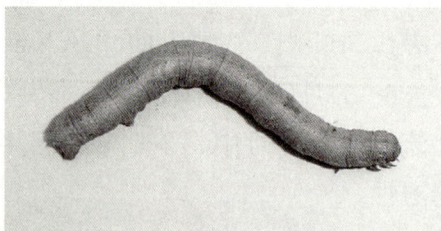

图 9-4　尺蠖幼虫

幼虫体长 38～49 毫米，体色变化较大，由黄绿至青白色。背线宽，淡青至青绿色，亚背线灰绿至黑色，气门上线深绿色，气门线黄色杂有黑色细纵线，气门下线至腹部末端淡黄绿色。第 2、第 8 腹节有 2 个较为明显的毛瘤。蛹长约 14 毫米，深褐色有光泽，尾端尖，有臀棘 2 枚。

（2）生活习性。长江流域 1 年 4～5 代，以蛹在土中越冬，翌年

4月份出现成虫。成虫白天潜伏于枝叶间或其他暗处，夜出交尾产卵。卵堆产于枝干、分枝及叶背等处。每雌产卵1 000～2 000粒。初孵幼虫吐丝随风飘荡。幼虫不太活跃，拟态性强，在被害植物上形似枝条。5～10月均可见幼虫为害，10～11月入土化蛹越冬。

4. 美国白蛾。 又名美国白灯蛾、秋幕毛虫。是国际重要检疫对象。国内分布于辽宁、天津、河北、山东、上海、陕西等地。食性极广，可危害300多种植物。

（1）形态特征。成虫体白色，长9～14毫米，翅白色，翅展23～42毫米。雄蛾前翅由无斑至较密的褐色斑。雌蛾前翅通常无斑，后翅常为纯白色或在近外缘处有小黑点。卵圆球形，直径约0.5毫米，初产时浅黄绿色，有光泽，后变灰绿色，近孵化时灰褐色。卵块产，表面覆盖有白色鳞片。老熟幼虫体长28～35毫米，有"黑头型"和"红头型"，体色多变化，多为黄绿至灰黑色。背部两侧线之间有1条灰褐至灰黑色宽纵带，气门上线、气门下线浅黄色。体侧面和腹面灰黄色。背面毛瘤黑色，体侧毛瘤橙黄色，毛瘤上生有白色长毛丛，杂有黑毛或具暗红褐色毛丛。气门椭圆形，白色，具黑边。蛹体长9～12毫米，暗红褐色，有臀棘8～15根。茧椭圆形，灰白色，丝质，混有幼虫体毛，松薄。

图9-5　美国白蛾幼虫

（2）生活习性。在我国1年2代，以蛹茧在老树皮下、枯枝落叶和表土内越冬。翌年5～6月羽化为成虫，雄蛾对频振式杀虫灯有一定趋性。卵块产于叶背，一个卵块有500～600粒卵，最多达千余粒。

幼虫孵出几小时后即拉丝结网，3～4龄幼虫的网幕直径可达1米以上，有的从树冠沿树干拉至地面，高达3米。幼虫多数地区为7龄，一般可经历5～7龄。5龄后幼虫抛弃网幕，分成小群在叶面自由取食。6～7月和8～9月是幼虫危害盛期。9月上旬开始陆续化蛹越冬。幼虫耐饥力较强，利于远距离传播。

5. 柑橘凤蝶。又名花椒凤蝶、黄凤蝶等。属鳞翅目、凤蝶科。全国大部地区均有分布。被害植物主要有柑橘类、佛手、玳玳、花椒、吴茱萸等。

（1）形态特征。成虫体长约30毫米，翅展80～120毫米，背面中央有黑色纵带1条，体侧绿黄色。翅面底色黑色，上有各种形状的黄白色斑纹，其中前翅中室有4条放射状斑纹，亚外缘有8个黄色新月形斑。后翅有尾状突起，臀角有橙黄色圆纹1个。卵淡黄色，圆球形，直径1.2毫米。老熟幼虫体长约40毫米，绿色，胸腹连接处稍膨大。后胸有眼状纹及弯曲成马蹄形的细线纹。腹部第1节后缘有1条大型黑带，第4至第6腹节两侧具黑色斜带。臭腺黄色。蛹纺锤形，黄色。

图9-6　柑橘凤蝶成虫

图9-7　柑橘凤蝶幼虫

（2）生活习性。每年发生1～6代，各地不同。以蛹在枝条、建筑物等处越冬。3～4月羽化为成虫，卵散产在幼芽、嫩枝、叶上，低龄幼虫体有肉突，有黄、白、墨绿多种颜色，形似粪粒。3龄后幼虫食量大增，可将全叶食光。老熟后在枝叶或叶柄上化蛹。凤蝶的卵及蛹有多种寄生蜂。

6. 菜粉蝶。 又称菜白蝶，幼虫通称菜青虫，属鳞翅目、粉蝶科。此虫全国均有分布，偏嗜十字花科植物，以幼虫为害醉蝶花及羽衣甘蓝，大发生时常将其叶片食光。

（1）形态特征。成虫体灰黑色，有白色绒毛，长约 17 毫米，翅展 50 毫米。前后翅粉白色，前翅顶角灰黑色，雌蝶前翅有黑色圆斑 2 个，雄虫仅有 1 个显著的黑斑。卵形，高约 1 毫米，表面有网纹。老熟幼虫体长约 35 毫米，体背青绿色，背中线为黄色细线，体表密布细小黑色毛瘤，上生细毛，沿两侧气门线有黄色斑点各 1 列。蛹长约 20 毫米，纺锤形，体色随化蛹时的附着物而异，有灰黄、灰绿、灰褐、青绿等色。

图 9-8 菜粉蝶成虫

图 9-9 菜粉蝶幼虫

（2）生活习性。在辽宁、北京 1 年 4～5 代，上海 5～6 代，长沙 8～9 代，广西 7～8 代。世代重叠，以蛹在为害地附近的墙壁、篱笆、树干、杂草处越冬。成虫白天活动，卵多散产于叶背。幼虫取食芽、叶、花，严重时将叶片食光，只留叶脉和叶柄。4～10 月均有幼虫为害。

7. 二十八星瓢虫。 属鞘翅目、瓢虫科。全国大部分地区均有分布。被害植物有枸杞、三色堇等。

（1）形态特征。成虫体长 5.5～6 毫米，半球形，鞘翅土黄色，两个鞘翅上共有 28 个"星"状黑斑。卵长纺锤形，高 0.7 毫米，初产时淡黄色，将近孵化时黄褐色，数十粒竖立成块。幼虫体长 8 毫米，中部膨大，两端稍细，淡黄色，体背各节有 6 个枝刺，枝刺基部有淡黑色的斑纹。蛹初为淡黄色，羽化前为黄褐色，体背有淡黑色斑块。蛹尾端包裹着幼虫末次蜕下的壳。

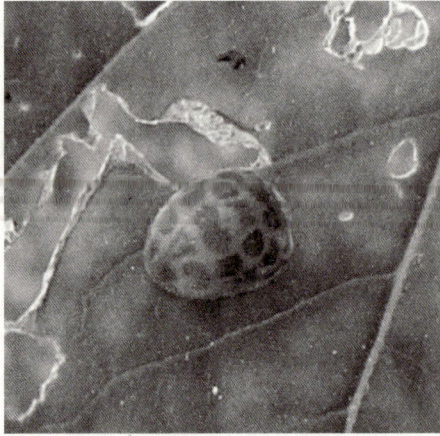

图9-10　二十八星瓢虫

（2）生活习性。1年发生数代，以成虫在土块下、树皮缝隙、杂草丛中越冬。翌年4～5月越冬成虫开始活动。卵产于茄科植物叶背，亦有产于其他杂草上的。每雌产卵400粒左右。成虫和幼虫均取食叶肉，只留下表皮、呈半透明筛网状斑纹。幼虫4龄后老熟，并在叶背或茎上化蛹。田间世代重叠。

8. 短额负蝗。又名小尖头蚂蚱，属直翅目、蝗科。全国各省均有分布。可为害大部分草本花卉。

（1）形态特征。成虫体长21～32毫米，体色多变，从淡绿色到褐色和浅黄色都有，并杂有黑色小斑。头部锥形，前翅绿色，后翅基部红色，末端部绿色。若虫体淡绿色，则带有白色斑点。触角末节膨大，颜色较其他节要深。复眼黄色。前、中足有紫红色斑点。卵块产于土中，外有黄色胶质。

（2）生活习性。1年2代，以卵

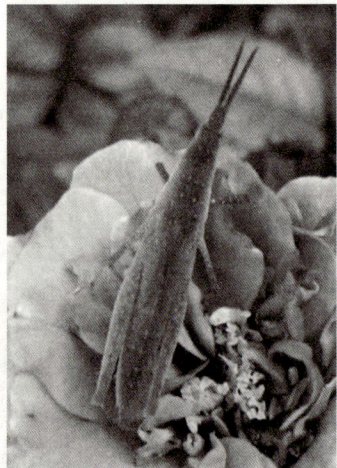

图9-11　短额负蝗

在土中越冬。翌年 5 月～6 月卵孵化。7 月上旬第 1 代成虫开始产卵，7 月中、下旬为产卵盛期。第 2 代若虫 7 月下旬开始孵化，8 月上、中旬为孵化盛期。10 月下旬至 11 月上旬为产卵盛期，产下越冬卵。成、若虫大量发生时，常将叶片食光，仅留秃枝。初孵若虫有群集为害习性，2 龄后分散为害。

9. 月季叶蜂。又名黄腹虫，属膜翅目、叶蜂科。华东、华北及长江流域均有分布。主要为害月季、玫瑰类花卉。

（1）形态特征。成虫体长 7.5 毫米，翅展 17 毫米。雌虫头胸部黑色带有光泽，腹部橙黄色，触角黑色鞭状，由 3 节组成，第 3 节最长。翅黑色半透明。足全部黑色。卵椭圆形，长约 1 毫米，初产淡黄色，孵化前为绿色。幼虫体长 18～19 毫米，初孵幼虫微带淡绿色，头部淡黄色，老熟时黄褐色。胸、腹部各节有 3 条黑点线，上生短毛。胸足 3 对，腹足 6 对。

图 9-12　月季叶蜂成虫

图 9-13　月季叶蜂幼虫

（2）生活习性。1 年 2～4 代，以老熟幼虫在土中结茧越冬。翌年 4 月间化蛹，5 月上旬开始有成虫羽化、产卵。成虫以产卵管在月季新梢上刺成纵向裂口，产卵于其中，卵 2 列，30 粒左右。卵孵化后新梢破裂变黑倒折。初孵幼虫经常数十头群集为害，啃食叶片与嫩枝，严重时叶片全被食光，仅留叶柄。各代幼虫为害盛期为：第 1 代 5 月下旬至 6 月上旬；第 2 代 7 月上旬至 7 月中旬；第 3 代 8 月中旬至 8 月下旬；第 4 代 9 月下旬至 10 月上旬。10 月上旬起陆续化蛹越冬。

10. 大叶黄杨斑蛾。 属鳞翅目、斑蛾科。分布在华东、华北等地。主要寄主是卫矛科植物，如大叶黄杨、银边黄杨、金心黄杨、金边黄杨、丝棉木和扶芳藤等。

（1）形态特征。成虫体长约12毫米，翅展30毫米。头、胸及触角黑褐色，雄蛾触角羽毛状，雌蛾触角栉齿状。胸背及腹部两侧有橙黄色长毛。前翅半透明，但翅基1/3为黄色，其余为暗灰色。翅脉暗褐色，后翅底色为黄色。卵椭圆形，扁平，初产时黄白色，后渐为淡褐色。幼虫体长约20毫米，

图9-14 大叶黄杨斑蛾幼虫

头小，黑褐色，体黄绿色。有背线、亚背线、气门上线、气门线共7条，色黑，亚背线较其他几条较粗，体侧及背稀生白色细毛。蛹扁卵形，长8~10毫米，前期头、胸淡黄棕色、腹部黄绿，体上黑线隐约可见。后期呈褐色。茧形似南瓜子，淡褐色，边缘白色透明。

（2）生活习性。在江、浙地区1年1代，以卵在植株的小枝上越冬。翌年3月中、下旬平均温度达13℃时孵化。初孵幼虫群集为害仅啃食叶肉部分，2、3龄食叶成缺刻、孔洞，4龄分散为害。幼虫受到振动有吐丝下垂随风飘移的习性。老熟幼虫在树基、枯枝落叶和土表缝隙5厘米深处结茧化蛹越夏。此时约在5月下旬，越夏之后直至10月至11月羽化。成虫白天活动，夜间潜伏，飞行活动范围小。交配后，在嫩枝上产成条卵块，外覆以体毛。

11. 美洲斑潜蝇。 属双翅目、潜蝇科，属检疫性害虫，我国1994年在海南首次发现后，现已扩散到我国大部分省区。可为害菊科、豆科、茄科、葫芦科、十字花科等22科110多种植物。成、幼虫均可为害，雌成虫以产卵器刺伤叶片，进行取食和产卵，幼虫潜入叶片和叶柄为害，产生不规则蛇形白色虫道，影响光合作用，受害重的叶片

脱落甚至毁苗。

(1) 形态特征。成虫体小，长 1.3～2.3 毫米，浅灰黑色，胸部背板亮黑色，体腹面黄色，雌虫体比雄虫大。卵米色，半透明，大小 0.2～0.3 毫米×0.1～0.15 毫米。幼虫蛆状，初无色，后变为浅橙黄色至橙黄色，长 3 毫米，后气门突呈圆锥状突起，顶端 3 分叉，各具 1

图 9-15　斑潜蝇为害状

开口。蛹椭圆形，橙黄色，腹面稍扁平，大小 1.7～2.3 毫米×0.5～0.75 毫米。

(2) 生活习性。此虫在广西 1 年发生 14～17 代，雌虫把卵产在部分伤孔表皮下，卵经 2～5 天孵化，幼虫期 4～7 天，末龄幼虫咬破叶表皮在叶外或土表下化蛹，蛹经 7～14 天羽化为成虫，每代夏季 2～4 周，冬季 6～8 周。此虫在我国南部周年发生，无越冬现象。成虫有趋黄性。

12. 软体动物。软体动物多喜阴湿环境，南方露地花卉、北方温室大棚，在阴雨高湿天气或种植密度大时发生严重。主要种类有蜗牛、蛞蝓等，均属于软体动物门，腹足纲，柄眼目的一类动物。啃食花卉和观叶植物的花、芽、嫩茎及果。造成叶片缺刻、孔洞及幼苗倒伏、果实腐烂。

(1) 灰巴蜗牛。①形态特征。有触角 2 对，前触角较短，后触角较长，并在顶端长有黑眼。贝壳椭圆形，壳顶端尖，自左向右旋转，第 5 圈后突然扩大。卵圆形乳白，直径 1～1.5 毫米。幼贝体长约 2 毫米，贝壳淡褐色。②生活习性。灰巴蜗牛 1 年发生 1 代，寿命达 1 年以上，成贝与幼贝白天在砖块、花盆或叶下栖息，晚间活动取食，阴天也可整天活动取食。成贝产卵于松土内，初孵幼贝群集为害，以后分散。

(2) 蛞蝓。①形态特征。蛞蝓体分为头、躯干、足 3 部分。头上

图 9-16　灰巴蜗牛

有触角 2 对，触角顶端有眼。体前端较钝，后端稍尖，腹面较平。体背有 2 条灰白色纵线。蛞蝓可分泌透明的胶状液体。干后发亮。②生活习性。蛞蝓 1 年发生 2～6 代，以成体和幼体在寄主根部湿土下越冬。成、幼体在 4～7 月大量活动，喜温湿环境，畏光。白天隐蔽，夜出活动取食和繁殖。空气及土壤干燥时（土壤含水量低于 15%），可引起大量死亡。最适温度为 12～20℃。温度在 25℃时，潜入土隙、花盆及砖石中，30℃以上也会大量死亡。温湿度条件合适时，寿命可达 1～3 年。

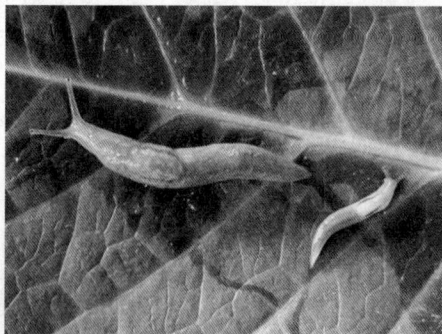

图 9-17　蛞　蝓

（二）食叶类害虫防治

根据"预防为主，综合治理"的方针和保护生态环境的原则，食叶害虫防治要坚持以适地适树为基础，以生物制剂、仿生农药和植物性杀虫剂为主导，协调运用人工、物理和化学的防治措施，降低虫口密度，压缩发生面积，切实控制其蔓延危害。

1. 栽培措施。 选择抗性品种；及时清除圃内杂草，破坏幼虫隐蔽场所；翻耕土壤，清除地下落叶，减少越冬虫口基数。

2. 人工物理防治。 在成虫羽化盛期应用杀虫灯（黑光灯）诱杀等措施，有利于降低下一代的虫口密度。春冬季人工摘除越冬虫囊，消灭越冬幼虫。根据大多数种类初龄幼虫群集虫苞的特点，组织人力摘除虫苞、卵块和网幕，可杀死大量幼虫。也可以利用幼虫受惊后吐丝下垂的习性通过振动树干捕杀下落的幼虫。在美国白蛾等老熟幼虫化蛹前，在树干离地面 1～1.5 米处，用谷草、稻草把或草帘上松下紧围绑起来集幼虫化蛹，每隔 7～9 天换 1 次草把。

3. 生物防治。 在幼虫期使用每毫升含 100 亿孢子的 Bt 乳剂稀释500～1 000 倍可防治夜蛾、天蛾、尺蛾、刺蛾、毒蛾、灯蛾等鳞翅目幼虫。也可用含孢量 100 亿/克的青虫菌 6 号悬浮剂 1 000 倍液防治袋蛾、舟蛾、尺蛾、刺蛾、毒蛾等幼虫。用含孢量在每克或每毫升1 亿以上的白僵菌制剂可防治袋蛾、舟蛾、尺蛾、毒蛾等幼虫。

4. 化学防治。 在幼龄幼虫期，用 40.7％乐斯本乳油 1 000 倍液，90％敌百虫 1 000 倍液，2.5％溴氰菊酯乳油 2 500～5 000 倍液，30％增效氰戊菊酯乳油 6 000～8 000 倍液，5％高效氯氰菊酯或 10％百树菊酯乳油 5 000～7 000 倍液，25％西维因可湿性粉剂 300～500倍液，20％灭幼脲Ⅲ号悬浮剂 2 000～3 000 倍液，1.2％烟参碱乳油1 000～2 000 倍液，喷雾防治。

吸汁类害虫

吸汁类害虫是园林植物害虫中较大的一个类群，包括昆虫纲中的同翅目（蚜虫、介壳虫、叶蝉、粉虱、木虱等）、半翅目（网蝽、盲蝽等）、缨翅目（蓟马）等害虫以及蛛形纲蜱螨目中的某些害螨（叶螨、瘿螨等）。它们以吸收式口器吸取植物汁液，造成枝叶枯萎，甚至整株死亡。许多种类还可传播病毒病。

吸汁类害虫多数个体较小，发生初期为害状不很明显，易被人忽视。但其繁殖力却很强，扩散蔓延快，若调查不及时，极易造成防治失时，影响综合治理效果。

（一）蚜虫

1. 棉蚜。 又名瓜蚜，属同翅目、蚜科。为害扶桑、木槿、蜀葵、石榴、菊花、夹竹桃、兰花等花木。以成虫和若虫群集在寄主的嫩梢、花蕾、花朵和叶背，吸取汁液，致使叶片皱缩，影响开花，同时诱发煤污病。

（1）形态特征。无翅胎生雌蚜体长1.5～1.8毫米，夏季黄绿色，春秋季多为深绿至蓝黑色，体外被有蜡粉；触角6节，仅第5节端部有1感觉圈；腹管圆筒形，具瓦状纹，基部较宽，尾片圆锥形，近中部收缩。有翅胎生雌蚜体长1.2～1.9毫米，黄色或浅绿色，前胸背板黑色，腹部背面两侧有3～4对黑斑；触角6节，感觉圈着生在第3、5、6节上，第3节上有成排的感觉圈5～8个；腹管、

图9-18 棉 蚜

尾片同无翅型。卵为椭圆形，长约0.5毫米，初产时黄绿色，后变为漆黑色，有光泽。无翅若蚜复眼红色，无尾片，夏季黄绿色，秋季蓝灰色至蓝绿色。有翅若蚜虫体被蜡粉，体两侧有短小的褐色翅芽，夏季黄褐或黄绿色，秋季灰黄色。

（2）生活习性。每年发生20多代，以卵在木槿、石榴等枝条上越冬，翌春3～4月卵孵化为干母，在越冬寄主上进行孤雌胎生，繁殖3～4代，4～5月产生有翅蚜，飞到菊花、扶桑或棉花等夏季寄主上为害。晚秋10月间产生有翅蚜，从夏寄主迁移到越冬寄主上，产生有性无翅雌蚜和有翅雄蚜，交配后产卵，以卵越冬。

2. 桃蚜。 又名桃赤蚜、烟蚜。属同翅目、蚜科。分布全国各地。

为害海棠、郁金香、百日草、金鱼草、金盏花、蜀葵、梅花、夹竹桃、香石竹、大丽花、菊花等 300 多种花木。幼叶被害后，向反面横卷，呈不规则卷缩，最后干枯脱落，其排泄物诱发煤污病，该虫还可传播病毒病。

（1）形态特征。无翅胎生雌蚜体卵圆形，体长约 2.0 毫米，体黄绿或赤褐色，复眼红色；额瘤显著，腹管圆筒形，细长，有瓦纹；尾片圆锥形，两侧各着生 3 对弯曲的侧毛。有翅胎生雌蚜与无翅蚜相似，头、胸部黑色，复眼红色，额瘤明显，腹部

图 9 - 19 桃蚜

颜色变化大，有绿、黄绿、赤褐至褐色；腹管、尾片形状同无翅型。

（2）生活习性。全国各地每年发生世代数 10～30 不等，在我国北方主要以卵在枝梢、芽腋等裂缝和小枝等处越冬，少数以无翅胎生雌蚜在十字花科植物上越冬。翌春 3 月开始孵化为害，先群集在芽上，后转移到花和叶上为害。5、6 月繁殖最甚，并不断产生有翅蚜迁到蜀葵和十字花科植物上为害，10～11 月又产生有翅蚜迁回桃、樱花等树木上。如以卵越冬，则产生雌雄蚜，交尾产卵越冬。

3. 月季长管蚜。属同翅目、蚜科。分布于东北、华北、华东、华中等地。为害月季，蔷薇等植物的花蕾及嫩梢，影响花蕾和幼叶的伸展，招致煤污病及病毒病的发生。

（1）形态特征。无翅胎生雌蚜体长卵形，长约 3 毫米，黄绿色，少数橙红色。腹管长圆筒形，前端呈网眼状，其余有瓦纹，尾片长圆锥形，有曲毛 7～9 根。有翅胎生雌蚜草绿色，腹部各节有中、侧缘斑，第 8 节有 1 个大的宽横带斑；尾片有曲毛 9～11 根。

（2）生活习性。1 年发生 10 代左右。以成蚜和若蚜在月季、蔷薇的叶芽和叶背越冬。翌年春季越冬蚜虫开始活动，并产生有翅蚜。全年有 2 个发生高峰：4 月中旬至 5 月，9～10 月。气温 20℃左右，

图 9-20　月季长管蚜

干旱少雨，有利于该虫繁殖。而盛夏高温多雨对其繁殖不利。

4. 菊小长管蚜。 又名菊姬长管蚜，属同翅目、蚜科。为害多种菊科植物。常集中于嫩梢、叶柄、花梗、花蕾等处为害，影响新叶展开、嫩梢生长及花蕾开花，诱发煤污病和病毒病的发生。

（1）形态特征。无翅胎生雌蚜体长 2.0～2.5 毫米，深红褐色，有光泽；触角、腹管、尾片暗褐色；体具较粗长毛；腹管上粗下细，末端表面网眼状；尾片圆锥形，有曲毛 11～15 根。有翅胎生雌蚜暗赤褐色。腹部有黄横斑；尾片上有 9～12 根毛。

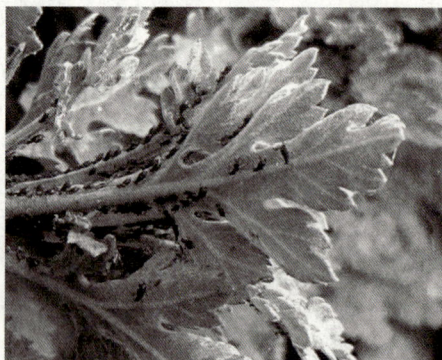

图 9-21　菊小长管蚜

（2）生活习性。每年发生 10 多代，以无翅胎生雌蚜在留种菊花的叶腋和芽旁越冬，在温室内可终年繁殖。翌年 3 月初开始活动，全年发生高峰期在 4～6 月及 9～10 月。夏季多雨期间虫口密度下降。

5. 蚜虫综合防治。

（1）人工防治。盆栽花卉零星发生时，可用毛笔蘸水将蚜虫轻轻刷掉，并及时处理刷下的蚜虫。木本花卉上的蚜虫，可在早春刮除老树皮及剪除有虫枝条。

（2）黏虫板诱杀。在温室或大棚内，在有翅蚜迁飞的高峰期，用黄色黏虫板，可诱到大量有翅蚜。

（3）保护和利用天敌。蚜虫的天敌很多，应注意保护利用。有条件的地方，应积极开展人工助迁、人工繁殖，田间释放。

（4）药剂防治。可于早春木本植物发芽前喷施石硫合剂晶体 100 倍液消灭芽腋和皱缝处的越冬卵；蚜虫大发生时可喷洒 3％莫比朗乳油 2 000～2 500 倍液、0.26％苦参碱水剂 1 500～2 000 倍液、2.5％蚜虱灭乳油 1 500～2 000 倍液、10％吡虫啉可湿性粉剂 2 000～2 500 倍液，均可取得很好效果。

（二）介壳虫

1. 吹绵蚧。属同翅目、珠蚧科。我国除西北外，各地均有发生。长江以北多发生于温室内，南方各省为害严重。

（1）形态特征。雌成虫卵圆形，橘红色，体长 4～7 毫米。背面隆起，并着生黑色短毛，披白色蜡质分泌物。无翅，成熟后腹部末端有 1 个白色卵囊，囊上有纵纹。雄成虫体瘦小，长约 3 毫米，触角轮毛状，前翅狭长，紫黑色。腹末 2 个肉质突起上各着生 4 根长毛。

图 9-22 吹绵蚧

卵为长椭圆形，初产橙黄色，后变橘红色，密集于卵囊内。初孵若虫卵圆形，长 0.66 毫米，橘红色。2 龄后雌雄异形，2 龄雌若虫体椭圆形，背面隆起，散生黑色细毛，橙红色，体被黄白蜡质粉及絮状纤维；2 龄雄若虫体狭长，蜡质物少。3 龄雌若虫体隆起甚高，黄白蜡质布满全体。雄若虫体色较淡。雄蛹体长 3.5 毫米，橘红色；茧白色，长椭圆形，由疏松蜡丝组成。

(2) 生活习性。发生世代数因地而异，我国南方 3~4 代，长江流域 2~3 代，华北 2 代。各虫态均可越冬。若虫孵化后在卵囊内经一段时间开始分散活动。初孵若虫颇活跃。1~2 龄向树冠外层迁移，多寄居于新梢和叶背主脉两侧，2 龄后向大枝及主干爬行。雄若虫经 2 次蜕皮后口器退化，不再为害，在枝干裂缝或树干附近松上杂草中作白色薄茧化蛹。自然条件下，雄虫数量极少，不易发现。成虫喜集居于主梢阴面、枝杈或枝条叶片上，固定取食后终生不移动，吸取汁液并造囊产卵。两性或孤雌生殖。每雌产卵数百粒，最多达 2 000 粒。温暖潮湿气候有利于该虫发生为害。

2. 桑白蚧。 又名桑白盾蚧、桑盾蚧。属同翅目、盾蚧科。幼虫、成虫群聚于枝干，吸取植物汁液，严重时介壳密集，植株长势受到严重影响，发育受阻甚至死亡。

(1) 形态特征。雌成虫介壳圆形，直径 2~2.5 毫米，略隆起有螺旋纹，灰白至灰褐色，壳点橘黄色，在介壳中央偏旁。体宽卵圆形，长 1 毫米左右，橙黄或橘红色。触角短小退化呈瘤状，上有 1 根粗大的刚毛。雄成虫介壳长约 1 毫米，细长

图 9-23 桑白蚧

白色，背面有 3 条纵脊，壳点橙黄色，位于壳点的前端。体长约 0.7 毫米，橙黄色，1 对前翅灰色，腹部末端有 1 针状交配器。卵为椭圆形，长径 0.25~0.3 毫米，初产粉红色，后变为淡橙黄色。初孵若虫淡黄褐色，扁椭圆形。眼、触角、足俱全。腹末有 2 根尾毛。2 龄若虫的眼、触角、足、尾毛均退化消失，开始分泌介壳。雄蛹橙黄色，长椭圆形。

(2) 生活习性。发生代数因地而异，广东 5 代，浙江 3 代，北方各省 2 代。以受精雌成虫在枝条上越冬。翌年 3 月越冬雌成虫开始吸

食，虫体迅速膨大，4月下旬开始产卵。雌虫平时介壳与树体接触较紧，产卵期较为松弛，有的略翘起有缝，产卵于体后，堆积在介壳下。雌虫产卵后不久干缩死亡。雄成虫寿命极短，仅1天左右。江苏、浙江等地第1代卵孵化盛期为4月中、下旬，第2代6月下旬至7月上旬，第3代8月下旬至9月上旬。该虫喜阴暗潮湿，在通风不良、管理不善的林间发生较为严重，多分布于枝条分叉处以及枝干阴面。

3. 矢尖蚧。属同翅目、盾蚧科。以成虫和若虫聚集在枝、叶、果实上吸取汁液，使受害叶片卷曲发黄，干枯，凋落，严重时全株布满虫体，导致植株枯亡。

（1）形态特征。雌成虫体长2～2.5毫米，橘黄色。胸部长，腹部短，前胸与中胸分节明显。第1、2腹节边缘突出。雌介壳细长，长2.8～3.5毫米，紫褐色，周围有白边。前端尖，后端宽，中央有1纵脊。雄成虫体长0.5毫米，橘黄色，前翅1对，腹部末端具针状交

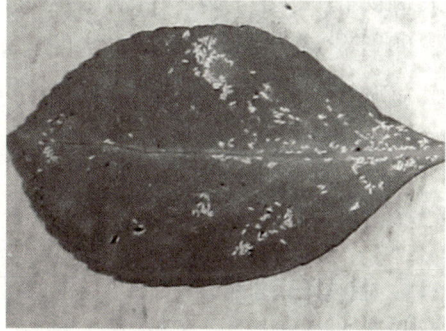

图9-24 矢尖蚧

尾器。雄介壳白色，蜡质，长1.3～1.6毫米，两侧平行，壳背有3条纵脊。卵为椭圆形，长约0.2毫米，橙黄色。初龄若虫橙黄色，草鞋形，触角及足发达，眼紫褐色；2龄若虫淡黄色，椭圆形，后端黄褐色，触角及足已消失，体长0.2毫米左右。蛹椭圆形，橙黄色。

（2）生活习性。在主要发生地区1年3或4代，多以受精雌成虫在枝上越冬，少数以若虫或产卵雌成虫在叶背及嫩枝上越冬。翌年4月中、下旬开始产卵。第1至第3代1龄若虫盛发期分别为5月上旬、7月中旬和9月下旬。越冬代雌成虫于第2年日平均温度达19℃以上时开始产卵，每雌产卵量为130～190粒，卵产于母体下。初孵若虫行动活泼，经1～2小时后即固着于寄主上刺吸为害。取食后第2天即开始分泌棉絮状蜡质，逐渐形成介壳。

4. 介壳虫类害虫防治。

（1）植物检疫。调运苗木时应加强植物检疫工作，发现危害严重的介壳虫，应及时处理，以防扩散。

（2）园林技术措施。选育抗虫品种，合理轮作；栽植密度要适宜，避免过密形成高湿环境；温室要通风、透光；加强土、肥、水管理，增强植株自然抗虫力；冬季和早春，结合修剪，剪除虫枝烧毁；对个别枝条或叶片上的介壳虫，可用软刷、竹片或破布，轻刷、轻刮或抹涂，也可用破布蘸煤油抹杀。

（3）药剂防治。可于冬季或早春植物发芽前，喷洒3～5oBe石硫合剂或石硫合剂晶体50倍液，消灭越冬虫源。生长期防治应抓住2个关键防治时期，初龄若虫爬动期或雌成虫产卵前是第1个防治时期，卵孵化盛期是第2个防治时期，选用低毒的选择性杀虫剂进行防治。可喷洒50%西维因可湿性粉剂500倍液、40.7%乐斯本乳油1 000倍液等药液。

（三）粉虱类

1. 温室白粉虱。又名白粉虱、小白蛾。属同翅目、粉虱科。主要在北方为害菊花、天竺葵、杜鹃、倒挂金钟、月季、牡丹、绣球等多种观赏植物。以成虫和若虫群集于叶背吸食汁液，严重时导致叶片褪色、凋萎、直至干枯。此外，还可分泌蜜露，诱发煤污病，传播多种植物病毒。

（1）形态特征。成虫体淡黄白色，体长0.99～1.06毫米，翅展2.41～2.65毫米。2对翅均膜质，覆盖白色蜡粉，前翅有一长一短2条脉，后翅有1条脉。卵初产淡黄色，后变紫黑色。卵表面覆盖白色蜡粉。若虫黄绿色，扁椭圆形，体缘及体背具数十根长短不一

图9-25 白粉虱

的蜡丝，2根尾须稍长。伪蛹淡黄色，椭圆形，中央突起，蛹背有10～11对刚毛状蜡刺。

（2）生活习性。每年发生10多代，在温室内可终年繁殖，繁殖快，产卵量大，世代重叠严重，以各种虫态在温室植物上越冬。成虫喜欢群集在上部嫩叶背面取食和产卵，随着植物生长，成虫不断向上部嫩叶片上转移。一般最上部嫩叶以成虫和初产卵最多，稍下部叶片为即将孵化的卵和初孵若虫，再往下为2～3龄幼虫，最下部叶片以蛹为多。每雌可产卵100～200粒。成虫为两性生殖和孤雌生殖。成虫具有趋光、趋黄色和嫩绿色的习性。

2. 烟粉虱。 又名棉粉虱、甘薯粉虱。属同翅目、粉虱科。为害一品红、扶桑、蜀葵、木槿、秋海棠、万寿菊、夹竹桃、南天竹等500余种植物。

（1）形态特征。成虫体淡黄白色，体长0.85～0.91毫米，翅展1.81～2.13毫米。两对膜质翅表面覆有白色蜡粉。前翅仅有1条翅脉，不分叉。卵色由白到黄或琥珀色，孵化前变为褐色。若虫体缘无蜡丝。蛹壳平坦，无或有极少蜡质分泌物。

图 9-26 烟粉虱

（2）生活习性。北方地区该虫盛发期为8～9月。卵散产于叶背面，排列不规则。每雌产卵30～300粒。1龄若虫找到合适部位后便固定不动直至成虫羽化。成虫趋黄性强。

3. 粉虱类害虫防治。

（1）人工防治。苗木进入大棚和温室前应注意检查，避免将粉虱带入。清除大棚和温室周围杂草，减少虫源。对园林植物适度修枝，保持通风透光环境，以减轻害虫为害。

（2）物理防治。白粉虱成虫对黄色有强烈趋性，可在植株旁悬挂黄色诱虫板或栽插黄色木板或塑料板，并在板上涂黄油或凡士林，振动花卉枝条，使飞舞的成虫趋向并粘到黄色板上，起到诱杀作用。

（3）药剂防治。可喷施1.8%阿维菌素乳油4 000倍液、20%速灭杀丁乳油2 000~3 000倍液、2%蚜虱消可湿性粉剂2 000~3 000倍液、0.26%苦参碱水剂1 000~1 500倍液等，喷时药液要均匀，叶背更应均匀周到。

（4）注意保护天敌。粉虱类的天敌有丽蚜小蜂、刺粉虱黑蜂、中华草蛉、红点唇瓢虫等，应加以保护和利用。

（四）叶螨

叶螨属蜱螨目、叶螨科。分布广泛，为害香石竹、菊花、凤仙花、茉莉、月季、桂花、一串红、鸡冠花、蜀葵、木槿、木芙蓉、桃和许多温室植物。是许多花卉的主要害螨。被害叶初呈黄白色小斑点，后逐渐扩展到全叶，造成叶片卷曲，枯黄脱落。

1. 形态特征。 雌成螨体卵圆形，长0.55毫米，宽0.32毫米，锈红色或深红色。雄成螨体呈菱形，长0.36毫米，宽0.2毫米，红色或浅黄色。卵为圆球形，直径0.13毫米。初产时透明无色，后渐变为橙黄色。幼螨近圆形，半透明。取食后体色呈暗绿色，足3对。若螨

图9-27 叶螨

椭圆形，体色较深，体侧有较明显的块状斑纹，足4对。

2. 生活习性。 年发生代数因地而异。每年可发生12~20代。在北方，主要以雌螨在土块缝隙、树皮裂缝及枯叶等处越冬。在南方以成螨、若螨、卵在寄主植物及杂草上越冬。翌年春季，平均气温达7℃以上时，雌螨出蛰活动，并取食产卵，一生可产卵50~150粒。卵多产于叶背叶脉两侧或在丝网下面。主要是两性生殖，也能进行孤雌生殖。高温干燥有利于雌螨的发生，降雨特别是暴雨可起到冲刷致死的作用。

3. 防治方法。

（1）越冬期防治。对木本园林植物，越冬前树干束草，诱集螨类越冬，冬季或开春后解除并烧毁。刮除粗皮、翘皮。结合修剪，剪除病、虫枝条。对花圃地，要勤锄杂草，结合翻耕整地，冬季灌水，销毁残株落叶，以便消灭越冬虫口。

（2）药剂防治。越冬叶螨出蛰期，可喷石硫合剂，杀灭在枝干上越冬的成螨、若螨和卵。生长期叶螨为害严重时，应及早喷施15％哒螨灵乳油1 500倍液、5％卡死克可分散粒剂1 000倍液、1.8％阿维菌素乳油4 000～6 000倍液。

（五）蓟马类

1. 花蓟马。

属缨翅目，蓟马科。为害金盏菊、月季、蜀葵、菊花、大丽花、瓜叶菊、凤仙花、茉莉、三叶草、扶桑、香石竹、唐菖蒲等50多种花卉。成、若虫多群集于花内，锉吸花卉汁液，也为害叶、芽、嫩梢等处。花卉被害后，常出现银灰色条形或片状斑纹，叶片卷缩枯黄，花蕾凋谢。

（1）形态特征。成虫体长约1.3毫米，雌虫淡褐至褐色，雄虫黄白色。头方形或长方形。触角8节，粗壮。前翅上有2行均匀排列的脉鬃，上脉鬃19～22根，下脉鬃15～17根。卵乳白色，长约0.3毫米，肾形。若虫淡褐色，无翅，2龄时体长约1毫米。

（2）生活习性。1年发生10多代，以成虫越冬，在高温温室内冬季可持续为害。成虫有较强的趋花性，主要在花内为害，怕阳光，多于清晨和傍晚活动取食，强阳光下则潜伏于花内及叶背。卵产在花瓣、花丝、花柄及叶片等组织中。若虫不活泼，可转移为害。高温干旱有利于大发生，多雨对发生不利。一年中夏季发生最重。

2. 烟蓟马。

又名棉蓟马，葱蓟马，属缨翅目、蓟马科。为害梅花、香石竹、菊花、冬珊瑚、大丽花等多种花木。成虫、若虫多在叶柄、叶背锉吸为害，被害叶常出现灰白色条纹或块斑，卷缩枯死。花和芽也可受害。

（1）形态特征。成虫体长1.1～1.3毫米，淡褐色或黄褐色，前翅灰色，翅缘有均匀排列的脉鬃。卵黄绿色，肾形，长 0.1～0.2 毫米。若虫体形与成虫相似，淡黄色，无翅。

（2）生活习性。1 年发生 6～10 代，以成虫或若虫在土缝处、杂草间、枯枝落叶内过冬。翌年 3～4 月开始活动，5 月中、下旬为害最盛。成虫和若虫多于早晚或阴天爬至叶面上。久旱不雨，有利于该虫大发生，高温高湿对其发生不利。

3. 蓟马类害虫防治。

（1）人工防治。清除田间及周围杂草；害虫初发生时，结合园林修剪，摘除有虫叶片。

（2）药剂防治。害虫发生初期喷洒 1.8％阿维菌素乳油 3 000～5 000倍液、10％多来宝悬浮剂 2 000 倍液、10％吡虫啉可湿性粉剂 1 500倍液等。

■ 地下害虫

地下害虫是指活动为害期或主要为害虫生活在土壤中，为害作物的种子、幼苗、幼树根部或近地面的幼茎的一类害虫。主要种类有蝼蛄、蛴螬、金针虫、小地老虎及根蛆。苗圃及一二年生的草花地下虫害常常发生严重，造成死株缺苗。

（一）蝼蛄类

蝼蛄属直翅目、蝼蛄科，俗称土狗、地狗、拉拉蛄等，为典型的地下害虫。以成虫、若虫咬食根部及靠近地面的幼茎，断口处呈乱麻状；也常食害新播和刚发芽的种子。还在土壤表层开掘纵横交错的隧道，使幼苗须根与土壤脱离枯萎而死，造成缺苗断垄。

1. 主要种类。我国为害较重的是华北蝼蛄和东方蝼蛄。华北蝼蛄主

图 9-28　华北蝼蛄

要分布在北方地区，东方蝼蛄几乎遍及全国，但以南方各地发生较普遍。华北蝼蛄在盐碱地、沙壤土中发生多，东方蝼蛄在低湿和较黏的土壤中发生多。

2. 生活习性。华北蝼蛄约需 3 年完成 1 代，以成虫、若虫在土下 30～100 厘米处越冬，最深可达 150 厘米。翌年 3、4 月开始活动，5、6 月进入为害期；6、7 月潜至土下 15～20 厘米处做土室产卵，每雌产卵 300～400 粒；卵经 2 周左右孵出若虫、8、9 月天气凉爽，又升迁到土表活动为害，形成 1 年 2 次为害高峰，10、11 月若虫达 9 龄时越冬，翌年以 12、13 龄若虫越冬，第 3 年以成虫越冬。

东方蝼蛄发生不整齐，南方 1 年发生 1 代，北方 1～2 年发生 1 代，成虫、若虫均可越冬。翌年 3～4 月越冬成虫开始活动，5 月间交配产卵，越冬若虫于 5、6 月间羽化为成虫，7 月交尾产卵。卵堆产于地下 6～30 厘米处的土室中。每雌产卵 33～250 粒。卵经 2～3 周孵化，若虫期共 8～10 龄，一般在 10 月下旬入土越冬。

两种蝼蛄均昼伏夜出，20～23 时是活动取食高峰，初孵若虫有群集性，怕风、怕水、怕光，3～6 天后即分散为害；具趋光性、趋粪性，嗜好香甜物质，喜潮湿，一般低洼地，雨后和灌溉后为害最严重，东方蝼蛄喜栖息在灌渠两旁的潮湿地带。

3. 防治方法。

（1）诱杀法。一是发生季节可采用灯光诱杀成虫；二是毒饵诱杀。发生期用粉碎炒香的油渣或麦麸 50 份，加 1 份敌百虫，洒上清水搓匀，做成黄豆大的毒饵于傍晚均匀撒在苗床上。或在苗圃步道间，每隔 20 米左右挖一规格为 30～40 厘米×20 厘米×6 厘米的小坑，然后将马粪或带水的鲜草放入坑内诱集，加上毒饵效果更好，次日清晨可到坑内集中捕杀。

（2）药液灌根。发生期用 5％锐劲特悬浮剂 2 000 倍液灌根。

（二）蛴螬

金龟甲幼虫统称蛴螬。以幼虫为害为主，取食多种植物的地下部分及播下的种子，造成缺苗断株，断口平截。成虫啃食各种植物叶片形成孔洞、缺刻或秃枝。

1. 形态特征。 体肥大，体型弯曲呈 C 型，多为白色，少数为黄白色。头部褐色，上颚显著，腹部肿胀。体壁较柔软多皱，体表疏生细毛。头大而圆，多为黄褐色，生有左右对称的刚毛，刚毛数量的多少常作为分种的特征。如华北大黑鳃金龟的幼虫为 3 对，黄褐丽金龟幼虫为 5 对。蛴螬具胸足 3 对，一般后足较长。腹部 10 节，第 10 节称为臀节，臀节上生有刺毛，其数目的多少和排列方式也是分种的重要特征。

图 9-29　金龟子成虫

图 9-30　金龟子幼虫（蛴螬）

2. 生活习性。 蛴螬 1~2 年 1 代，幼虫和成虫在土中越冬，成虫即金龟子，白天藏在土中，晚上 8~9 时进行取食等活动。蛴螬有假死和负趋光性，并对未腐熟的粪肥有趋性。白天藏在土中，晚上 8~9 时进行取食等活动。幼虫蛴螬始终在地下活动，与土壤温湿度关系密切。当 10 厘米处土温达 5℃时开始上升土表，13~18℃时活动最盛，23℃以上则往深土中移动，至秋季土温下降到其活动适宜范围时，再移向土壤上层。

3. 防治方法。

（1）成虫防治。在成虫发生盛期，设置频振式杀虫灯诱杀成虫、人工振落捕杀成虫，或用 90%敌百虫晶体、50%杀螟松乳油、40.7%乐斯本 1 500 倍液于晚 6 时后树冠喷雾。

（2）幼虫防治。加强苗圃管理，圃地不使用未腐熟的有机肥，中耕除草，冬季翻耕灌水，或于5月上、中旬生长期间适时浇灌大水，均可减轻为害。播种前可用3％米乐尔颗粒剂45～75.5千克/公顷或5％辛硫磷颗粒剂30千克/公顷拌细土300～750千克，均匀撒于地面，随即耕翻耙耢。育苗时用50％辛硫磷乳油拌种，按1份药加50份水稀释，然后与500份种子混匀，闷3～4小时，待种子干后播种；苗木生长期发现蛴螬为害，可用90％敌百虫晶体1 000倍液灌根。

（三）种蝇

又名灰地种蝇、萝卜蝇，幼虫称地蛆、根蛆。是一种多食性害虫，被害植物有月季、仙客来、马蹄莲及多种草本花卉植物的种子及幼根、嫩茎，常导致缺苗。此外，盆花也常受此虫为害，造成植株枯萎，影响观赏价值。

1. 形态特征。成虫体长约5毫米，头部银灰色，复眼暗褐色，胸部背面有3条纵线。卵椭圆形，稍弯，弯内有纵沟陷。乳白色，表面有网状纹。幼虫长7毫米，形似粪蛆。乳白而略带淡黄色，尾节上有7对突起，第7对很小。蛹长4～5毫米，褐色或红褐色，圆筒形，围蛹。

2. 生活习性。1年2～6代，以蛹在土内越冬。4月底早春气温稳定在5℃时成虫即能羽化，超过13℃可大量发生。喜在厩肥处活动。成虫产卵于肥料堆或苗根附近的湿松土中。幼虫孵化后即在根、茎处为害。种蝇在水肥充足条件下发生严重，尤其是粪肥施在表面的花圃地和盆花中发生严重，夏季高温则发生较轻。成虫在干燥晴天活动，晚上静止，在较阴凉或多风天气，大多躲在土块缝或其他隐蔽场所。第1代幼虫为害最重。成虫对蜜露、腐烂有机质、糖醋的酸甜味有较强的趋性。

3. 防治方法。播种育苗前，施用腐熟有机肥，尤其是饼肥，要充分腐熟，施肥后要及时翻耕整地。幼虫发生期间用90％敌百虫800倍液泼浇苗床，杀死幼虫。也可用其他杀虫剂泼浇。

2 花卉常见病害及防治

■ 白粉病类

(一) 月季白粉病

分布于四川、重庆、云南、江苏、浙江、江西、上海、北京、山西、天津、山东等地。危害月季、蔷薇等花卉的叶、花梗、嫩茎，严重时叶片表面像覆了一层白色粉末，使植株生长不良，也影响观赏。

图 9 - 31 月季白粉病

1. 发病症状。被害部位布满白色粉状物。嫩叶感病初期幼叶反卷，皱缩变厚，较正常叶片发紫；生长期叶片感病，叶面呈现褪绿黄斑，逐渐扩大终至全叶枯黄脱落。叶柄和嫩梢受害，病部略膨肿，向下弯曲，节间缩短。花蕾感病，轻者花朵畸形，重者枯萎，丧失观赏价值。

2. 发病规律。病菌以菌丝体在寄主的病芽、病叶或病枝及落叶上越冬。病害发生与气温有密切关系。3～4 月温度达 15℃ 左右时是白粉病病菌生长最适宜的温度，发病较为严重。8 月当气温升高到 30℃ 以上，不适于病菌生长发育，发病较轻。9～10 月再次发生，产生大量分生孢子，进行扩大再侵染。当湿度在 97%～99% 时，分生孢子大量萌发，湿度为 25%～30% 时仍有不少孢子萌芽；施用氮肥过多，钾肥不足时有利于分生孢子萌发。发病与品种也有关系。

（二）大叶黄杨白粉病

分布于四川、上海、江西、浙江、河南、山西、陕西、云南、贵州等地。危害大叶黄杨。被害植株叶片表现皱缩畸形，影响生长。

1. 发病症状。 白粉多分布于大叶黄杨叶的正面，也有生长在叶背面的。单个病斑圆形，白色，病斑扩大相互汇合，愈合之后不规则。将表生的白色粉状菌丝和孢子层拭去时原发病部位呈现黄色圆形斑，严重时新梢感病可达 100%。有时病叶发生皱缩，病梢扭曲畸形、萎缩。

图 9-32　大叶黄杨白粉病

2. 发病规律。 病菌以菌丝在病残体上越冬，翌年春季，在大叶黄杨展叶和生长期，病原菌产生大量的分生孢子，传播侵染，本菌在寄主枝叶表面寄生，产生吸器深入表皮细胞内吸收养分。夏季高温不利于病害发展，到秋季病菌又产生大量孢子再次侵染。不及时修剪，大叶黄杨枝叶过密时发病较重。

（三）凤仙花白粉病

栽培地均有分布。主要危害玫瑰、红花、百日草、波斯菊、大金鸡菊、凤仙花、木槿、木芙蓉、三色堇等。受害严重的植株叶片枯黄，在开花期间便枯萎死亡，影响花坛、花境及花篱的观赏。

1. 发病症状。该病主要危害叶片，严重时可蔓延至茎、花蕾和蒴果上，最初叶片表面出现零星的白色粉状小斑块，随着病害的发展，叶面逐渐布满白色粉层。初秋时节，在白粉层中开始形成黄色小圆点，最后，小圆点逐渐变为黑褐色，病叶后期枯黄，甚至扭曲。花蕾和蒴果感病后亦布满白色粉层及小黑点，最后枯萎、僵化。

图 9 - 33　凤仙花白粉病

2. 发病规律。病菌以闭囊壳在凤仙花的病株残体和种子内越冬，翌年病菌借风雨传播，开始侵染危害。幼苗出土后温度在 20℃ 以上即可受侵染。发病期为 5～10 月，8～9 月为发病盛期。气温高、湿度大时发病严重。植株栽植过密，通风不良或氮肥施用偏多，均有利于病害发生。

（四）白粉病类防治

1. 栽培养护预防。选栽抗病品种，温室栽培要通风透光，湿度不能过高，密度不能过大，合理浇灌、减少叶面淋水，科学施肥，避免氮肥施得过多，适当增施磷钾肥，提高植株抗病力。

2. 消灭病源。白粉病多以其闭囊壳随病叶等落入地面或土表中，及时清除病落叶和摘除病叶、病梢等做深埋处理，并进行翻土和在植株下覆盖无菌土，可以大大减少初侵染源。

3. 药剂防治。白粉病以其分生孢子进行多次再侵染，并且在温室和南方还可终年进行传播为害，少数以菌丝在芽中越冬。生长季节要注意检查，抓准发病初期喷药控制。可用 15％粉锈宁可湿性粉剂 500～1 000 倍液喷洒；也可用 40％福星乳油 6 000～8 000 倍液喷洒。其次可用 70％甲基托布津可湿性粉剂 1 000 倍液喷洒，或用 50％苯来特可湿性粉剂 1 000～1 500 倍液喷洒。在冬季休眠期对病菌在芽内、枝、果上越冬的落叶树木、花木等，可于发芽前喷布 3～5 波美度的石硫合剂。

炭疽病类

（一）君子兰炭疽病

分布于我国南方及北方的许多城市，发生普遍。危害君子兰。感病植株的叶片上产生坏死斑，影响君子兰生长及观赏价值。

1. 发病症状。 成株及幼株均可受害，发生在外层叶片基部，初为水渍状，逐渐凹陷。发病初期，叶片上产生淡褐色小斑，随着病害发展，病斑逐渐扩大呈圆形或椭圆形，病部具有轮纹，后期产生许多黑色小点，在潮湿条件下涌出粉红色黏稠物，即病原菌的分生孢子。

图 9-34　君子兰炭疽病

2. 发病规律。 病菌主要以菌丝体在病叶上越冬。翌年春季温湿度条件适宜时，形成分生孢子侵染寄主，栽培中氮肥施用过多，磷、钾相对缺乏时发病较多。温度高、多雨潮湿的气候发病重。盆花旋转过于密集或浇水过多，通风不良，湿度大均易发病。

（二）山茶炭疽病

分布于江西、江苏、安徽、上海、四川、贵州、广东、福建等地。危害山茶、油茶、茶等。此病以春、秋两季发生较多，危害严重时引起落叶。

1. 发病症状。一般多发生在成叶上，新梢上偶有发生。在叶部多自叶尖或叶缘开始发生。初为水渍状暗绿色的圆形斑点，后扩大成不规则的大斑，黄褐色至褐色，病斑边缘稍隆起，与健全组织分界明显。以后病斑中部呈灰白色，斑上无轮纹，散生许多小黑点。

图 9-35　山茶炭疽病

2. 发病规律。病菌以菌丝体在病叶上越冬。翌年 4 月间当气温升至 20℃以上，相对湿度在 80% 以上时，病斑上产生孢子。孢子借雨水传播。潜育期一般为 5～7 天，长的达 15～20 天。只要条件适宜，可以多次侵染。阴湿多雨是病害大发生的主要条件，高温干旱不利于病害的发生。病菌生长的温度范围为 16.5～32.5℃，25～27℃最适于发病，低于 15℃病害不发生。

（三）炭疽病类防治

加强管理，避免连作；清除病源，包括摘除病叶、剪除病梢，做深埋处理；不偏施氮肥，适当增施磷、钾肥，多施有机肥，改善生态环境，注意排水，保持通风透光，提高植株抗病力。

发病之前 1～2 周进行喷药预防，可用 70％甲基托布津和 50％福美双混合剂 1 000 倍液、80％炭疽福美可湿性粉剂 500 倍液、50％苯来特可湿性粉剂 1 000～1500 倍液，连续喷施 2～3 次，每隔 10 天喷 1 次，基本可控制病害的发生和蔓延。

■ 叶斑病类

（一）月季黑斑病

月季黑斑病又称月季褐斑病，在不少国家均有发生，是一种世界性病害。危害十分严重，病菌为害叶片，引起大量落叶，致使植株生长不良。

图 9 - 36　月季黑斑病

1. 发病症状。月季叶片、嫩枝和花梗均可受害。叶上病斑初为紫褐色至褐色小点，后扩展成直径 1.5～13 毫米的圆斑，黑色或深褐色，边缘纤毛状，但个别品种上边缘也可整齐光滑。病斑周围常有黄色晕圈包围。在扩大镜下，病部可见黑色疱状的小粒体，病斑往往几个相连，叶片病部周围大面积发黄，使得病斑成为带有绿色边缘的"小岛"。病叶容易脱落，但有些月季品种却不脱落。幼嫩枝条和花梗上产生紫色到黑色条状斑点，微下陷。病害发生严重时，整个植株下部及中部片全部脱落，仅留顶部几片新叶。

2. 发病规律。病菌以菌丝体或分生孢子盘在病残体上越冬。借助雨水或喷灌水飞溅传播，昆虫也可传播。在温暖潮湿的环境中，特别是多雨的季节。寄主植物发病严重。特别是新移植的植株，根系受损、长势衰弱极易发病。一般浅色花、小朵花以及直立性品种易于感病。

（二）桂花赤叶枯病

又称枯斑病，是桂花的重要病害，主要为害叶片。

1. 发病症状。病斑多始于叶尖或叶缘，初生浅褐色小点，后遂渐扩大，呈红褐至灰褐色。病斑背面色较浅，边缘深褐色。病斑有时卷曲脆裂，几个病斑可相互融合达叶片的 1/2～1/3，或形成不规则状大斑块。后期病斑上散生许多黑色小粒点，即病原菌的分生孢子器。周年均可发生，引起叶片干枯，提早脱落。7～11 月发生。

图 9-37　桂花赤叶枯病

2. 发病规律。病菌以菌丝体和分生孢子器在病叶上越冬，翌年温湿度适宜时，产生分生孢子借风雨传播到桂花上，该病 7～12 月均可发生，气温 20～27℃，雨水多或湿度大、通风透光不良或低温持续时间长，均导致树势弱发病重。

（三）苏铁斑点病

又名白斑病。分布于江苏、贵州、吉林、内蒙古、新疆、湖南、广东、天津、上海等地。是庭园、盆栽苏铁常见病害。受害严重的植株，大部分叶片干枯、破碎、断裂。

1. 发病症状。病害发生在叶片上，病害初出现时为淡褐色小点，后逐渐扩大为圆形或不规则形的病斑。病斑边缘红褐色，中央暗褐色至灰白色。后期在病斑上产生散生或聚集有黑小粒点，此即病原菌分生孢子器。发病严重时，病斑间可相互联结形成大斑，造成叶片成段枯死或全叶枯死。

图 9 - 38　苏铁斑点病

2. 发病规律。此菌主要以分生孢子器或菌丝体在被害叶片上越冬，翌年形成分生孢子，借风雨传播蔓延。病菌生长发育温度范围为0～35℃，最适温度为28℃左右。此病在广州地区的5～11月均有发生，以8～9月发生较重。高温多雨利于病害的发生。苏铁栽植在贫瘠的黏质土壤中，或将盆栽苏铁放置于辐射热强烈的水泥地上，都会加重病害的发生。

（四）菊花黑斑病

菊花黑斑病又名褐斑病、斑枯病，是菊花、瓜叶菊、金盏菊等菊科植物的重要病害。菊花黑斑是广东地区菊花的一大重要病害，国内分布也很广泛。主要危害植株大量叶片使其焦枯、落叶。发病严重时，大量叶片干枯死亡。

1. 发病症状。菊花黑斑病菌主要为害菊花叶片。叶片被害初期，出现褪绿色或紫褐色小点，逐渐扩大为圆形、椭圆形或不规则形病斑，褐色或黑褐色，直径5～10毫米。多个病斑可互相连结成大斑块，后期病斑中心转为浅灰色，散生不甚明显的小黑点，即病原菌的分生孢子器。病株从下部叶片开始顺次向上枯死但不脱落，严重时，仅留上部 2～3 片绿色叶片。

2. 发病规律。 菊花黑斑病菌以菌丝和分生孢子器在病株病叶和土壤中的病残体上越冬。

图 9-39　菊花黑斑病

翌年温度适宜时，分生孢子器于降雨后吸水溢出大量的分生孢子，借风雨传播，分生孢子主要从气孔侵入，侵入植株后 20～30 天开始发病。潜育期长短与菊花品种、温度有关。高温时潜育期较短。本病在菊花整个生长期均可发生，以秋菊发病最重。阴雨连绵、种植过密或盆花摆放密度大，通风透光不良，均有利于病害发生。连作或老根留种及多年栽培的菊花发病比较严重。

（五）鸡冠花褐斑病

危害鸡冠花。受害叶片布满褐色病斑，后期叶片枯黄脱落，有时全株死亡，严重影响植株生长和观赏。

1. 发病症状。 病害主要发生在叶片上，有时也可危害茎部，甚至根部。叶面病斑初为浅黄褐色小点，后扩展呈近圆形或椭圆形，边缘略凸起，紫褐色，中央呈浅褐色并有不太明显的同心轮纹。后期病斑上生有许多密集的粉红色小霉丛，病斑直径为 5～10 毫米。单个

图 9-40　鸡冠花褐斑病

病斑干枯脱落可造成叶片穿孔，严重感病时叶片上病斑连片，叶片变褐枯黄，植株逐渐死亡。茎部感病则呈现条状或不规则形的褐色腐烂

大斑，病株有时可从病部折倒。

2. 发病规律。病菌在鸡冠花病残体及土壤中的植物碎片上越冬，翌年当环境条件适宜时，借风雨或浇灌时水滴溅溅等方式传播危害，病害程度与气温、降水量及降雨次数密切相关，当气温达 25℃ 左右，连续几次降雨后即可发病且迅速蔓延。土壤排水不良，透水性差时植株容易发病。北京地区该病发生初期为 8 月中、下旬，发生盛期为 8 月底至 9 月下旬，以后病害发展趋于缓和。武汉地区一般 6 月初开始发病，8 月为发病盛期，10 月底病害停止发展。

（六）杜鹃褐斑病

危害杜鹃花属植物。发生严重时，可造成大量落叶，不仅影响当年的花蕾发育和开花，而且使下一年的花蕾发育也受到很大影响。

1. 发病症状。病害发生在叶片上，初期出现红褐色小点，逐渐扩展为近圆形或多角形病斑。病斑散生，黑褐色，正面色深，反面色浅，后期病斑中央变为灰白色或深褐色，病斑表面着生多数黑色小霉点。发病严重时，病斑可相互汇合，使全叶发黄，提前落叶。

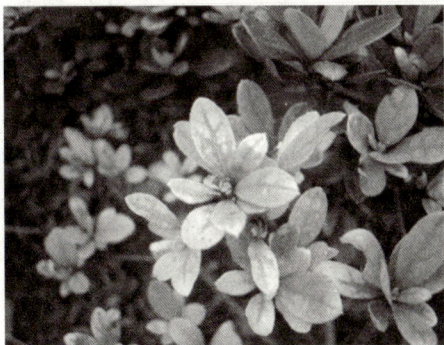

图 9-41　杜鹃褐斑病

2. 发病规律。病菌以菌丝在植株病叶或病残体组织上越冬。翌年春季温湿度适宜时形成分生孢子，借风雨传播，当孢子飘落在寄主叶上时，遇露水或水滴便产生芽管并侵入叶片。湿度大有利于病害发生，南方的梅雨季节发病更严重。

（七）叶斑病类防治

培养和选用抗病品种，培养健壮植株是预防本病的根本措施。加强圃地管理，及时摘除病叶、病枝和病花集中深埋，以减少初侵染源。注意防治虫害、冻害和创伤，以减少病菌从伤口侵入的机会。

实行轮作或进行土壤消毒，新叶展开时适当剪除下部老叶，适当增施有机肥，以增强树势，提高抗病力。选择排水性能良好的沙质壤土栽植，或筑高畦栽植，以利于排除积水。盆栽植株应放在阳光充足处，避免过于阴湿。

发芽前在地面喷施 3～5 波美度的石硫合剂，以铲除土表病源，也可喷 1% 等量波尔多液进行预防和保护；发病初期可施用 75% 百菌清可湿性粉剂 500～600 倍液；或用 50% 甲基托布津可湿性粉剂加 80% 敌菌丹可湿性粉剂（1 000 倍＋500 倍液）混合使用；也可用 50% 多菌灵可湿性粉剂 500 倍液。春季多雨时，在发病前可用 1：1：150～200 波尔多液喷雾 2～3 次，保护新叶和花蕾，防止发病，也可在发病前及发病初期喷施苯来特 1 000 倍液加适当杀虫剂，防治蚜虫、叶螨。

灰霉病类

（一）非洲菊灰霉病

又称非洲菊枯萎病。是非洲菊生产上的重要病害。主要侵害花，也为害根茎部。

1. 发病症状。花器染病初在花蕾和花瓣上产生水渍状斑点，后渐扩大，引起花瓣枯死，即花枯。根颈部染病后向侧面及下部扩展，引起严重的根颈腐烂。染病株地上部叶柄处出现凹陷深色长形病斑，致叶枯萎变成灰黄色，严重

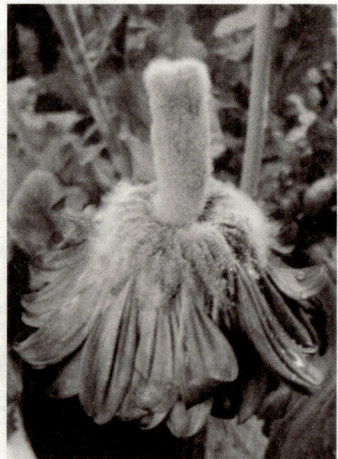

图 9－42　非洲菊灰霉病

时植株死亡。湿度大时各病部均可长出灰霉，即病原菌分生孢子梗和分生孢子。孢子成熟时轻轻振动可见灰色孢子云。这是鉴别该病的重要特征。

2. 发病规律。病菌以菌核在土壤中或菌丝体在病残体中越冬。高湿、多雨有利于病害发生；设施栽培中周年都可发病，温室栽培此病发生较露地重。

（二）仙客来灰霉病

发生较为普遍，是温室常见的病害。危害大丽花、天竺葵、四季秋海棠、菊花、芍药、瓜叶菊、郁金香、一品红、月季等多种草本和木本花卉。常引起叶枯、叶柄折断、花腐，影响产量和观赏。

1. 发病症状。该病主要发生在叶片和叶柄上，也侵染花梗和花瓣。叶片感病后，往往从边缘开始出现暗绿色至黄白色水渍状小斑，在室内温度高的条件下，病斑迅速扩大，呈褐色发软的不规则形大斑，表面皱褶或略具轮纹最后可致全叶腐烂，变成灰褐色，干枯；叶柄或花梗感病后褐色软腐，常自病部向地面折倒，最后呈褐色，干枯；花瓣受害时，初期产生水渍状小斑，后扩大呈圆形至椭圆形，在有色品种上，病斑中央呈黄褐色，在潮湿条件下，病部出现灰黄色霉层，并常产生黑色小粒状菌核。

图 9-43　仙客来灰霉病

2. 发病规律。该病菌可在土壤中的病残体上越冬。由气流传播，主要通过植株伤口侵入，对生长健壮的植株一般不易侵染。对花器和叶片有较强的致病力。该病在气温 20℃ 左右易于发生。空气湿度大时，发展迅速。在温室内，春季随着温度的升高，病害会迅速发展并日趋加重。室内花盆摆放过密，通风不良，湿度大，植株接触摩擦使叶面出现伤口，过多施用氮肥使组织嫩弱，都有利于病害的发生。

（三）八仙花灰霉病

1. 发病症状。八仙花灰霉病，主要发生在花上，初在花瓣上产生水渍状不规则小斑，后逐渐扩大，可蔓延至整个花冠和花序。花蕾被害，亦产生不规则水渍状小斑，可扩大至整个花蕾，最后花蕾变软腐败，不能开放。嫩梢被害后，初为水渍状不规则小点，渐扩大至新梢和嫩叶致腐败。在温暖潮湿的环境条件，后期病部均产生大量灰色霉层。

图 9 - 44　八仙花灰霉病

2. 发病规律。病原菌主要以菌核以及分生孢子在病花、病梢、病叶等病组织残体上越冬。翌春温度回升，遇雨或湿度大时，自菌核上产生分子孢子，或者在其他寄生病部位产生分生孢子，借气流传到八仙花上很快萌发侵染。北方温室、大棚的八仙花，病原主要来自上一年的病组织残体，在五月上、中旬的花期即开始发病。栽植过密，多雨潮湿和凉爽的天气，以及偏施氮肥或者光照不足，长势弱，都易于病害的发生和流行。高温、干燥的条件对病害的发生不利。

（四）牡丹灰霉病

危害牡丹和芍药。此病危害叶、茎和花的各部位，被害茎上病斑呈褐色，往往软腐，易被风吹折倒，影响生长发育和观赏。

1. 发病症状。叶片被害后，病斑近圆形，常发生于叶尖或边缘，呈紫褐色或褐色，具不规则的轮纹，花被害后同样变为褐色呈软腐状，早期被害形成芽腐。天气潮湿时，长出灰霉状物，即病菌的分生孢子，茎上病斑褐色，往往软腐，使植株折倒，茎基部被害时能引起全株倒伏。花被害时同样变褐，软腐，并产生灰色霉状物，病部有时产生黑颗粒。

图 9-45　牡丹灰霉病

2. 发病规律。病菌以菌核随病残株在土壤中越冬，翌年春季菌核萌发，产生分生孢子，借风雨传播引起再侵染。多年连作的发病严重，高湿和多雨的季节有利于分生孢子大量形成和传播。分生孢子与寄主接触，湿度适宜即萌发出芽管而侵入被害植物组织。偏施氮肥，植株组织变软，更易被病菌侵入，导致病害加重。环境条件不良，如栽培过密，光照不足，湿度过大，植株生长纤弱，均易被病菌所侵染。土壤板结黏重，排水不良，易引起病菌繁衍，发病加重。牡丹和芍药的灰霉病一般在 7～8 月发病最为严重。

（五）灰霉病类防治

选用无菌种苗，科学施肥，培育健壮植株，提高抗病性和愈伤能力，是防治此病的基本手段。控制好湿度是防治本病的关键措施之一。露地栽植不宜过密，科学浇灌，减少淋水，注意排水，温室注意通风透光，秋季要进行深翻土，病情严重时，可结合翻土进行土壤消毒，但最好避免连作。

1. 消灭病源。 及时摘除和清除病落叶等病残体并予以深埋，减少侵染来源。为保险起见，可将与病芽相连的茎部在芽以下数厘米处剪除，深埋，防止重复传播侵染。

2. 药剂防治。 春季雨多时可喷 1∶1∶（150～200）的波尔多液 2～3 次进行有效预防。发病初期可喷 65％代森锌可湿性粉剂 500 倍液，或 70％甲基托布津可湿性粉剂 1 500 倍液，或 50％多菌灵可湿性粉剂 1 000 倍液，或 80％敌菌丹可湿性粉剂 500 倍液，或 75％代森锰锌可湿性粉剂 500 倍液等均有较好的防治效果。但一定要早喷、喷匀，喷到叶片。

■ 其他病类

（一）花卉根结线虫

根结线虫是世界上危害最严重的植物寄生线虫之一，且有些种类具有相对广泛的寄主范围。在我国受根结线虫危害的有郁金香、牡丹、芍药、菊花、鸡冠花、一串红、仙客来、蟹爪兰、凤仙花、唐菖蒲、太阳花、玫瑰、月季、丰花月季、十姊妹、山梅花、梅花、鹊梅、紫荆、连翘、白刺花、大花茉莉、红背桂、樱花、珊瑚樱等多种花卉植物。

1. 发病症状。 植物受根结线虫危害后，感染植株地上部往往表现为生长衰退、叶黄、矮化等，地下部最普通和最明显的症状是根部明显肿大，直径 1 毫米到 1 厘米不等，叫做根结或虫瘿。花卉植物受害后，一般来说，植株生长不良，叶黄、植株矮小，严重时可导致植株死亡。因此，根结线虫病不仅影响花卉产量，而且影响花卉质量，更为严重的是由于花卉植物在不同地区间交流非常频繁，这样它们可以在异地传播根结线虫病。

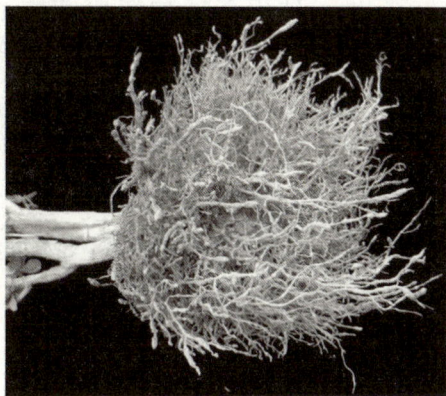

图 9 - 46　根结线虫为害小叶黄杨

2. 发病规律。病原线虫在土壤中，或以附着在种根上的幼虫、成虫及虫瘿为翌年的初次侵染源。线虫为害的根部易产生伤口，诱发根部病原真菌、细菌的复合侵染，加重为害。北方地区 6～9 月发生严重。

3. 防治措施。已建立和新建的花圃地一定要保证无根结线虫传入。①选择健康的种苗。在真正的种子中还没有发现根结线虫，但已发现它们可能在其他的种植材料中，如球茎，鳞茎或根。有些种苗繁殖基地可能被根结线虫感染。销售的苗木根部会携带线虫，特别是附带的土壤颗粒中也含有根结线虫幼虫，其根系有明显的根结。这类苗应禁止栽植。②严格对苗床进行消毒，确保苗床无根结线虫。如果前茬植物发现有根结线虫，利用热蒸汽或溴甲烷进行土壤消毒，也可用非熏蒸性杀线剂（如涕灭威、丙线磷等）处理土壤。由于苗圃地面积小，防治容易，费用较小，一旦进入大田，防治就困难得多，而且昂贵。③用无病土栽培或无土培养来获得健康的种植材料。④严格检疫，将所有根结线虫都列为检疫对象。苗木调运、土壤携带等均需检疫，检查是否含有根结线虫，一旦发现应立即处理和销毁。

对已感染有根结线虫的田块应采取一系列栽培措施，尽可能降低线虫群体数量，减轻危害。①销毁病株。不仅要对病株进行清理，而且要连根拔去田间杂草，因为根结线虫能寄生在多种杂草中，不断繁殖，形成很高的种群密度，对花卉植物造成威胁。②种植拮抗性植物。在发病的田块，间种一些拮抗性作物，如万寿菊、蓖麻等，可以有效降低根结线虫的虫口密度。③增施有机肥。多施有机肥能够减轻根结线虫造成的损失，原因有二：一是施有机肥能促进植株生长，增加抵抗根结线虫侵染的能力。二是有机肥能促进土壤中线虫天敌的增长，自然克制线虫种群。三是有机肥的降解产物对线虫有较强的毒杀作用，如分解产生的氨类等物质就有杀死线虫的作用。

（二）花卉病毒病

亦称"小叶病"或"花叶病"，由烟草花叶病毒、黄瓜花叶病毒、月季花叶病毒、牡丹环斑病毒等病毒感染所致。

1. 发病症状。叶片初期出现叶脉褪绿症状，后出现斑驳、花叶、叶片增厚、狭长畸形、节间缩短或植株矮小症状，有时病叶上出现褐色坏死条斑，引起落叶、落花、嫩梢停止生长或坏死。如牡丹发病后，常在叶片上出现环状和线状斑；百合发病后，病株基部呈丛生状、叶黄，不形成花莛，叶片变小，扭曲下垂，开畸形花或不开花；月季感染后，叶片变小，中脉部位产生环状或水波状淡黄色的花纹；大丽花感病，会在叶片上发生淡绿色的环形斑，并有花叶、畸形，节间缩短，侧枝大量生长症状，引起丛生、矮化，花蕾极少或不开花；紫罗兰感染后，叶片变小、皱缩、扭曲，并有反卷现象，出现明显的花叶症状，老叶黄化，花朵小、萎缩，严重时植株矮小，提早枯萎；非洲菊发病后，叶面上出现褪绿环斑，有时呈栎叶状，个别病斑呈坏死状，严重时叶片变小、皱缩、发脆，病株矮小。

2. 传播方式。花卉病毒病的传播主要是通过媒介昆虫如蚜虫、叶蝉等传播，有时也通过农事操作如移苗、整枝、采花、切取无性繁殖材料等传播，以及菟丝子寄生等方式传播。

3. 防治措施。①采用无病毒的种子、无性繁殖材料或组培脱毒

图 9 - 47　大丽花病毒病（叶畸形）　　图 9 - 48　玉簪病毒病健康株与发病株（花叶）

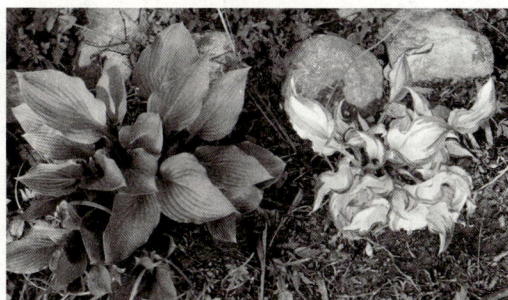

苗。如一串红、美人蕉、香石竹、兰花等，其脱毒苗的应用已获成功。②铲除杂草寄主。有些病毒的寄主范围很广，如黄瓜花叶病毒，可寄生危害多种杂草，因而需将作为病原寄主植物的田间杂草铲除干净，以减少病原。③防治传播介体。许多病毒可通过蚜虫，叶蝉、线虫、土壤真菌等传播，因而可通过各种方式消灭传毒介体，切断传播途径，防止病毒病的发生。④采取有效的园艺措施。包括耕作制度、适期播种、保护地栽培、人工介质的配制、科学的肥水管理等系列措施。花卉生产力求精耕细作、保持田间卫生。在进行园艺操作如摘心、剥芽、扦插等工作时应尽量避免通过手及工具传播病毒。⑤药剂防治。近几年来，随着科技的进步，研制出了很多对病毒病有效的药剂，如 NS-83 增抗剂、植病灵、菌毒清、病毒 A、病毒灵、病毒特、912 钝化剂、抗毒剂 1 号等，可用于花卉病毒病的防治。

（三）菟丝子

1. 危害症状。 菟丝子是一种恶性杂草，是一年生缠绕寄主草本植物，其根已退化，叶片退化为鳞状片，茎为黄色丝状物，纤细、肉质，茎缠绕后长出吸器，借助吸器固着寄主，吸收寄主的养料，水分和同化物，致使寄主生长不良，甚至成片死亡。菟丝子的寄主范围较广，可寄生于豆科、茄科、蔷薇科等多种木本和草本植物，苗木和花卉均可受菟丝子寄生的危害，而且危害重，繁殖蔓延速度快，是一种检疫性有害生物。

图 9-49　菟丝子为害彩叶草　　　　　图 9-50　菟丝子为害三叶草

2. 发生规律。菟丝子主要以种子进行繁殖和传播，夏秋季是菟丝子生长高峰期，当寄生关系建立后，菟丝子就和它的地下部分脱离，茎继续生长并不断分枝，以至覆盖整个树冠，夏末开花，秋季陆续结果，成熟后蒴果破裂散出种子，落地越冬。菟丝子结种能力极强。种子经动物肠胃消化，特别是经反刍动物的瘤胃消化排出后仍然发芽生长。在温度适宜并有光照的条件下，存留在土壤中 1～2 厘米内的菟丝子种子才能发芽出苗。刚出苗时菟丝子直立，黄绿色，能进行光合作用，8 天左右若遇不到寄主自然死亡。

3. 防治措施。①人工铲除。对受害地段的苗木和花卉立即彻底剪除或将藤茎拔除干净，并把剪下的茎段清除出来，放在固定地方，晒干并烧毁，以免再传播，减少传染源。②深翻土壤。利用菟丝子种子在土表 5 厘米以下，不易萌芽出土的特点，结合养护管理，在土菟丝子种子萌发前期进行中耕除草，深耕 10 厘米以上，将菟丝子种子深埋，减少发生量。③药剂防治。种子萌发高峰期地面喷 1.5％五氯酚钠和 2％扑草净液，以后每隔 25 天喷 1 次药，共喷 3～4 次，以杀死菟丝子幼苗。

参考文献

包满珠. 2009. 花卉学. 北京：中国农业出版社.
曹春英. 2009. 花卉生产与应用. 北京：中国农业大学出版社.

单元自测

1. 调查生产区域内常见的花卉虫害种类、危害植物及危害症状、发生规律。

2. 调查生产区域内常见的花卉病害种类、寄主植物及危害症状、发病规律。

3. 生产区域内花卉病虫害综合方案设计及病虫害防治月历编制。

技能训练指导

园林花卉病虫害综合防治训练

（一）目的和要求

通过对当地园林花卉病虫害的种类和发生情况的调查，综合应用所掌握的植物保护基础知识和基本技能，正确分析主要病虫害严重发生的原因，制定切实可行的综合防治方案，并组织实施各项防治措施，达到对当地园林花卉病虫害会诊断识别、会分析原因、会制订方案、会组织实施的目的。

（二）材料和工具

病虫为害现场、图书资料，标本采集制作工具，鉴定器具（手持扩大镜、体视显微镜、生物显微镜等），农药及施药器械等。

（三）实训方法

1. 病虫为害现场考察和标本采集。选择花圃等场所采集病虫标本，并对为害状进行观察、描述和拍照；访问当地绿化工人和技术人员，了解过去的栽培管理措施和病虫害发生情况。

2. 病虫种类鉴定和标本制作。根据图书资料，借助体视显微镜鉴定害虫种类，借助生物显微镜制片鉴定病害病原，必要时进行分离培养，明确病虫种类，并按要求进行标本的制作和保存。

3. 发生和为害情况的调查。根据植被、病虫种类和为害情况，采取相应的抽样方法，调查有虫株率、虫口密度、发病率和发病指数，确定受害情况，明确主要的病虫种类。

4. 原因分析。查阅资料，了解主要病虫发生规律，并结合当地的气候资料和农事操作，分析主要病虫在当地严重发生的原因。

5. 综合防治方案的制订。根据主要病虫的发生规律，以时间的顺序制定全年的综合防治方案，以及当前的应急防治措施。

6. 防治措施的组织和实施。组织实施防治措施，特别要注意化学防治中农药的品种、使用浓度、用量、施药时间、施药方法等的选用和安全操作方法，并对防治效果进行调查。

（四）实训报告

分析当地花卉病虫害防治措施实施过程中需要注意的问题。

学习
笔记

1 花卉应用基础

花卉的应用形式多种多样。露地花卉是园林中的重要组成部分，它们以花坛、花境、花丛、花群等多种形式应用于园林绿化中。盆栽花卉则以其栽培灵活、搬动更换方便等特点成为美化室内外的基本花卉材料。除此之外，还可以切取花卉植物的花朵、叶片、花枝及果枝，插入花瓶进行水养，或制成花束、花篮等多种形式来装饰日常生活，满足人们喜庆迎送、礼尚往来等多种需要。

用花卉美化室内外，没有固定模式，主要根据空间大小、建筑格式的不同、人们的爱好和利用方式的不同，因地制宜地按照一定的艺术原则进行科学的设计和布局，从而创造出良好的装饰效果。

■ 花卉应用设计原则

（一）合理布局

1. 点状绿化。指用独自成景的观赏植物，在室内做点状装饰。这种布局可构成室内的景点，有较强的装饰作用和较好的观赏效果。用作点状绿化的盆栽花卉，可放置于室内地平面、墙面、阶梯平台、几架、柜头和桌案上，也可悬垂成壁挂。

2. 线状绿化。主要是用花槽或盆栽花卉连续摆放，用来分隔室内空间。其配置方式多呈均衡对称状。所选用的花卉材料要求大小一致，体形、体量及色彩相同，以达到整体统一的效果。

3. 面状绿化。用花卉群体布置于室内墙前或某一空间，以达到景面或屏风的效果。使花卉的体、形、色可透过壁面衬托反映出来，如同一幅天然的图画。面状绿化应选择美观耐看的花卉来配置，所组合的花卉群体外貌要高矮搭配有致，具有一定的宏伟气魄和丰富多变的层次，并通过背景衬托显示出花卉的群体色彩美。

（二）主题突出

主题，即主景，有主景就有配景，主景是整个空间景物构图的中心，富有艺术感染力。主景应布置在室内明显能引人注意的位置，应选用姿态优美，色彩绚丽的花卉。如盆景、艺菊等。配景则起陪衬作用，但又与主景成为统一体，在一个建筑单元内，有卧室、厨房、卫生间及会客室等许多空间，重点装饰会客室，以展示主人的风貌，并反映其文化素养，也可谓之突出中心。在机关大楼里突出装饰门厅及会议室，以代表单位的精神面貌，同样为突出重点。

（三）比例协调

花卉本身和室内空间及陈设之间都有一定的比例关系。大的空间中装饰小的花卉植物，无法显示出气氛，也不协调；小空间装饰大植物，显得臃肿闭塞，缺乏整体感。因此，首先根据室内建筑空间的组成大小、形状及门窗的方位、尺度，选择相应尺度的花卉种类进行布置，使其彼此之间比例恰当，尺度适宜，色彩和谐，主次分明，富有节奏感与整体感。

（四）因地制宜

我国各地自然条件、经济状况、民族习俗和植物种类千差万别，因此，室内装饰布置要从实际出发，因地制宜，灵活运用，并要突出地方特点和风格。

例如，茎叶粗糙的植物，可产生稳重感。高大的苏铁、棕榈，可营造出严肃、威武的气氛。枝叶细腻、姿态飘逸的植物，具有亲切温顺感。蕨类、文竹、吊兰等，给人生动、自然的感觉。栽植容器也要突出地方特色，尽量选用具有地方特色的花盆。塑料盆、玻璃钢盆，一般多作为套盆使用。

■ 盆花摆设方式

盆花在室内外的陈设方式，大体上可分为规则式、自然式、镶嵌式、悬垂式及组合式、瓶栽式等几种方式。

（一）规则式

规则式是以图案或几何图形进行设计布局，即利用同等体形、同等大小和高矮一致的植物材料，以行列及对称均衡的方式组织分隔和装饰室内空间，使之充分体现图案美的效果，显示庄严、雄伟、简洁、整齐。这种配置方法适于门厅走廊、展览室及西式客厅。

图 10-1 规则式摆花

（二）自然式

这种形式以突出自然景观为主。在有限的室内空间中，经过精巧地布置，表现出大范围的景观。也是把大自然精华，经过艺术加工，引入室内，自成一景。所选用的植物要反映出自然界植物群落之美，可单株、多株点缀，或组织分隔室内空间，模拟自然界的景致而配置。要求摆设要富有自然情趣及节奏感，置身其中宛如世外桃源。这种配置方式占地面积大，适宜大型公共场所及宾馆，例如，常见一些宾馆在大堂中将瀑布、山泉、假山、廊、亭引入其内，创造出一种仿佛身临真山真水的境地。

图 10 - 2 自然式摆花

（三）镶嵌式及悬垂式

镶嵌式是指在墙壁及柱面适宜的位置，镶嵌上特制的半圆形盆、瓶、篮等造型别致的容器，栽上一些别具特色的观赏植物，以达到装饰目的。或在墙壁上设计制作不同形状的洞柜，摆放或栽植下垂或横生的耐阴植物，形成具有壁画般生动活泼的景观。

悬垂式是指利用金属、塑料、竹、木或藤制成吊盆吊篮，栽入悬垂性的花卉（如吊兰、天门冬、常春藤、蕨类等），悬吊于窗口、顶棚或依墙依柱而挂，枝叶婆娑，线条优美多变，既点缀了空间，又活跃了气氛。这种处理手法和镶嵌式一样，具有不占室内地面的特点。选择悬吊的位置时，应尽量避开人们经常活动的空间。

（四）组合式

这里说的组合，是指灵活地把以上各种手法混用于室内装饰，利用植物的高低、大小及色彩的不同把它们组合在一起，形成一幅优美的图画。要遵循高矮有序，互不遮挡的原则。高大植株居后或居中，矮生及从生植株摆放在前面或四周，以达到层次分明的效果。

（五）瓶栽式

随着室内花卉装饰的发展，栽植容器也相应地丰富多彩化。除盆、槽、箱、篮外，结合室内特点，瓶栽花卉也以其独特风韵而受到青睐。所谓瓶栽，即在各种大小、形状不同的玻璃瓶、透明塑料容器、金鱼缸、水族箱内种植各种矮小的植物以供观赏，装饰室内。通常的栽培方式有袖珍花园，玻璃瓶花园等。在容器内，除将瓶口及顶部作为通气孔外，大部分是封闭的，其物理性状稳定，受光均匀，气温变化小，水分可循环利用，适宜小植物的生长，病虫害少。若制作得当，可持续数年不变，摆放于架、桌、床头柜，为日常生活增添无限乐趣。

■ 花卉装饰技巧

（一）室内花卉装饰

1. 门洞花卉装饰。要求朴实、大方、充满活力。门洞布置通常采用规则式对称手法，选用体形壮观的高大花卉（如龙柏、棕榈、南洋杉、橡皮树、蜀桧、棕竹）配置于门内外两边，周围以中小形植物配置 2～3 层，形成对称而整齐的花带、花坛，使人感到亲切明快。

2. 门廊花卉装饰。进门后的空间，装饰要简洁明快，重点突出屏风前的配置，一般多采用整齐规则式，后排可以摆放等高常绿的南洋杉、黄杨球、棕榈等做背景，中排放置应时的一串红、八仙花、一品红、菊花、万年青等花卉，前排以低矮的文竹或天门冬镶边，柱面可悬吊蕨类及吊兰等植物，配合门洞，形成整体的景观效果。

3. 楼梯花卉装饰。楼梯转角平台处，靠角可摆放一盆体形优美、常绿的橡皮树、棕竹、棕榈等植物，或不等高地悬吊 1～2 盆吊兰、常春藤等植物。在楼梯上下踏步的平台上，靠扶手一边交替摆放较低矮的万年青、一叶兰、书带草、沿阶草及地被菊等小盆花，上下楼梯时，给人一种强烈的韵律感和轻快感。

4. 客厅花卉装饰。客厅是多功能场所，可谓装饰重点，布置力求朴素、热情、美观。首先用大体型植物（如橡皮树、龙血树、变叶木、叶子花、龟背竹等）装饰墙角及沙发旁，也可设置花架，摆放盆花装饰墙角。茶几摆放盆景或瓶栽植物（水族箱、玻璃钟式花园、插花）。博古架，可分别摆放盆景、插花、根艺、石玩及收藏的陶瓷艺术品等。窗框上悬吊1～2株不同高度的蕨类植物或吊兰、常春藤、鸭跖草等。

5. 书房花卉装饰。书房是以学习为主的场所，需要一个清静雅致、舒适的环境，内容要简洁大方，应选用体态轻盈，姿态潇洒，文雅娴静的植物如文竹、兰花、水仙、吊金钱、吊兰等摆放点缀于书桌、书架一角或博古架上，营造浓郁的文雅气氛，给人以奋发向上的启示。

6. 卧室花卉装饰。卧室以冷色调为好，光线也不可太强，要求环境清雅、宁静、舒适、利于入睡，植物配置要和谐，少而精，多以1～2盆色彩素雅，株型矮小的植物为主，如文竹、吊兰、镜面草、冷水花、紫鹅绒等装饰。忌色彩艳丽，香味过浓，气氛热烈。

7. 会场花卉装饰。

（1）政治性会场。要采用对称均衡的形式进行布置，营造出庄严和稳定的气氛，以常绿植物为主调，适当点缀少量色泽鲜艳的盆花，使整个会场布局协调，气氛庄重。

（2）迎、送会场。选择比例相同的观叶、观花植物，配以花篮、插花，突出暖色基调，形成开朗、明快的场面。

（3）节日庆典会场。要创造万紫千红，富丽堂皇的景象。选择色、香、形俱全的各种类型植物，并配以插花、花篮、盆景、悬垂花卉等，使会场气氛轻松、愉快、团结、祥和。

（4）悼念会场。应以松柏类常青植物为主体，配以花圈、花篮，用规则式布置手法营造万古长青、庄严肃穆的气氛。

（5）文艺联欢会场。多采用组合式手法布置，以点、线、面相连的手法装饰空间，选用植物可多种多样，内容丰富，布局高低错落，色调艳丽协调，使人感到轻松、活泼、亲切、愉快。

（6）音乐欣赏会场。要求环境幽静素雅，以自然式手法布置，选择体形优美，线条柔和，色泽淡雅的观叶、观花植物，进行有节奏地布置。使花卉装饰艺术与音乐艺术融为一体。

（二）室外花卉装饰

1. 阳台花卉装饰。 阳台花卉装饰既要考虑观赏效果，又要考虑阳台的生态环境和花卉的生态习性。一般选择株形矮小，生长缓慢，易造型或具攀援性能，有一定抗性的喜光、耐阴、耐旱、耐寒以及根系较浅并适宜盆栽、箱栽及槽栽的花卉植物。

阳台花卉装饰的形式常见有全沿式、半沿式、悬垂式、藤荫式、花架式、壁附式等。

2. 屋顶花园的花卉布置。 夏炎冬寒，又干旱，但阳光充足，稍加改造，可进行各种绿化装饰，并可结合生产进行育苗，栽种瓜果蔬菜，对建筑还有冬保温、夏隔热及保护屋顶的作用。屋顶栽培多采用无土栽培法，具有基质轻、卫生、通气好、保水保肥力强、省工省时等优点。腐叶土、锯末等做基质则较经济实用。其常用配比是：锯末7份，豆饼或菜籽饼2份，再加入骨粉和煤灰各半份。屋顶绿化的方式可参照园林设计及室内绿化装饰布局的方法，可自然式、规则式，也可混合式。观赏性屋顶花园，还可设荫棚、花架、花台、花池、水池、温室及园林小品等。

3. 天井花卉装饰。 多采用山石、水池与植物相配，或组合成盆景形式，也可搭棚架，种植攀缘植物，显得生动活泼，别具一格。

4. 街道和广场盆花装饰。 节日的广场在进行花卉装饰时，标语牌、伟人像、纪念碑和观礼台的四周，是花卉装饰的重点地段，还可以围绕灯柱或行道树做圆圈布置。有时也用许多小型盆花组成牌楼、象形动物、几何图案和字样等，或用小菊组成各种艺菊等，以增加欢庆气氛。

在首都国庆节的街道和广场上，常用的盆花有苏铁、针葵、橡皮树、棕榈、蒲葵、翠柏、桂花、扶桑、早菊、月季、一串红、翠菊、一品红、大丽花、非洲凌霄、万年青、天门冬、叶子花、荷兰菊、小丽花、美人蕉等。

2 插花技艺

插花是以可观赏的花、枝、叶、果、根等植物体的一部分为素材，通过技术加工和艺术构思，将其插到适当的容器内，组成一件富有诗情画意的装饰品。

插花作品蕴含着各种韵味和情趣。作为一种造型艺术，具有画面生动、装饰性强、制作及布置灵便等特点。宜做室内短期装饰。

■ 插花的构图原理

（一）调和

插花的调和，是多种因素的综合效果。单插1种花材是较易处理的，若2~3种花材配合，也应以1种为主，其他起陪衬点缀作用。即使同种不同品种配合时，也要注意花色协调，剪切得法，数量上也要有主次之分。插花中常配合使用的如蜡梅与南天竹、虬曲的梅花与松枝、月季与繁星似的霞草、香石竹与文竹、蓝鸢尾与鹅黄的小苍兰、白色的马蹄莲与红色郁金香、白绿色银边翠与大红的月季等，这些都是色彩及形态上的调和与对比结合较好的实例。其他如文竹、天门冬及蕨类植物，其枝叶细小而稠密，可与多种花材配合，尤其与枝叶稀少的香石竹、非洲菊及郁金香等配合，效果尤佳，如表10-1所示。

插花的调和还表现在花材与容器的调和上，如素色细花的瓷瓶，插入淡雅的翠菊，富有协调感；浓艳的球型大丽花，配以釉色乌亮的粗陶罐，更显其粗犷的风采；浅蓝水盂插以低矮密集红色的雏菊；晶莹剔透的玻璃细颈瓶，宜插入非洲菊加饰文竹，并使其枝蔓缠绕于瓶身。插花所摆放的环境色彩有浓淡，光线有明暗，位置有高低，均应考虑，使之相互调和。

表 10-1　花卉的调和应用

主体花材	辅助花材	主体花材	辅助花材
松	月季、菊、梅、桃、杏、竹、山茶花	马蹄莲	郁金香、百合、香石竹
蜡梅	南天竹、山茶花	郁金香	鸢尾类、水仙、小苍兰
梅	银芽柳	唐菖蒲	晚香玉、马蹄莲、火炬花
玉兰	木笔、二乔玉兰	芍药	牡丹、霞草
月季（红色）	霞草、晚香玉、香雪球、铃兰	百日草	万寿菊、孔雀草
朱顶红	霞草、铁炮百合	凤尾或圆绒鸡冠	银边翠
香石竹	霞草、香豌豆、非洲菊	三色堇（紫红）	银边翠

（二）均衡

对称是最简单的均衡，仅见于整形式的插花中；大多数的插花是采用不对称的、动态的均衡。每一件插花作品的构图重心均应落在下部，而产生稳定感。影响均衡的是轻重感，而在插花构图中，轻重感是通过花材、容器及其他饰物的色彩、体积、数量、质地与形态等表现出来的。习惯上深色、暗色、浓艳的色彩，以及体量大、数量多、姿态繁、质地厚实均给人重的感觉；反之，淡色、形态纤细、体积较小、量小、质地薄且柔软等给人轻盈感。所以插花时要注意容器与花材的均衡，要把色彩浓艳、花朵硕大的花材放在中间及下方的位置，细花碎叶配置在外围。还应结合实际素材，灵活运用。

图 10-3　插花的均衡

（三）韵律

插花不仅要符合调和及均衡的原则，而且还要富有变化。有组织有节奏的变化也就是韵律表现的所在。在体量较大的插花或一组插花中，除有一主要构图中心外，在合适的位置还可组织几个辅助中心，以增加画面变化。韵律的创作还可通过运用花材的种或品种间花形花色的差异，花朵大小及开放程度不一以及枝的曲直与横斜变化等来实现。

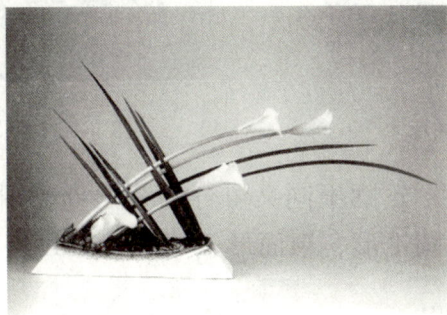

图 10 - 4　插花的韵律

■ 插花的类型

东西方两大地域人们的生活习俗及文化传统的差异，也反映到插花艺术之中，于是形成了各具特色的插花风格，出现了东方式和西方式两大类型的插花。

东方式插花是以中国和日本为代表的亚洲地区流行的插花形式。其特点是用材简洁，色彩素雅，构图多用不对称均衡手法，注重表现花材的个体美，插花构图意境深远，引人遐想。

西方式插花是以欧美国家为代表的欧美地区流行的插花形式。其特点是使用花材繁多，色彩绚丽，构图多用对称均衡手法，注重表现花材的群体美，善于表达奔放、热烈的环境氛围。

东方式插花和西方式插花根据其造型方法的不同，又分别有若干不同的插花形式和花型。例如，东方式插花又有自然式、写景式、盆景式、自由式、壁挂式、悬吊式、野趣式等不同形式的插花。西方式

图 10 - 5　东方插花

图 10 - 6　西方插花

插花根据构图的外形轮廓不同又可分为三角形、圆球形、半球面形、水平形、椭圆形、圆锥形、扇面形、倒 T 形、L 形、S 形、新月形等多种形式。

（一）花束

花束是日常生活中常用的礼仪插花。凡迎送宾客、探亲访友、慰问及悼念等都可用。用于花束的切花种类常因花束的用途和各地风俗习惯不同而不同。如深红色的月季多用于表示爱情；香石竹则是母亲

图 10 - 7　圆形花束

图 10 - 8　单面花束

节的主要用花；结婚喜庆则馈赠花色艳丽、芳香的月季、百合、非洲菊等；而表示怀念或参加葬礼时则可赠献白色的月季、菊花等。

花束经常使用的花材有唐菖蒲、马蹄莲、晚香玉、月季、百日草、翠菊、菊花、非洲菊、千日红、百合花、香石竹、紫罗兰、郁金香、小苍兰等，其中以花梗挺直、穗状花序的为最好。有些切花的花形虽美但叶片单调，这时最好用文竹或肾蕨、天门冬做配叶。扎制花束勿选用有钩刺、异味及茎叶或花药易污染衣服的花材。

（二）花篮

用柳条、藤条或竹篾等编制而成，在这种特制的篮子里按照一定的造型插上大量鲜花和配叶，即成为花篮。花篮主要作为喜庆祝贺的礼品用在开业典礼、舞台祝贺、生日庆贺等场合，也有用于表示怀念之意的。

图 10 - 9　开业大花篮

图 10 - 10　水果花篮

花篮的形态大小不一，大者高宽大于 1 米，供落地放置，小者不及 30 厘米，放于桌上或做配饰用。为维持所插花材的新鲜，篮内最好放一可盛水的容器（塑料制，质轻的较好），并竖立短剪的稻草束，以便扶持插入的花材。现在多采用浸水后的插花泥。

（三）花圈

花圈主要用于悼念活动。用鲜花制作的花圈要比用纸箔和绢花制作的花圈贵重得多，但是经不起陈设和摆放，只能在向英雄、伟人的纪念碑或墓地敬献时使用。制作前先用竹篾或麦秆扎出圆环，上面缠绕绸布。花圈上的鲜花和配叶要事先逐个绑在竹签上，然后再把它固定在草圈的中央。用于花圈上的配叶常选用质地坚硬的苏铁和广玉兰等，也可以在其叶面涂以金粉或银粉，以增强装饰性。为了使花圈便于安放，在它的背面可绑设轻便的支架。

图 10-11　悼念花圈

图 10-12　花　环

（四）花环

欧美常用花环作为圣诞节门上及壁面装饰。另外，在东南亚地区，常将花环戴于被迎接的贵宾身上，以表示尊敬和欢迎。这种花环，是用细绳将花朵串联制成。注意应选用不会污染衣服的花朵，最好具有清香。如热带兰类、茉莉花、鸡蛋花等常用于制作花环。

3 花坛绿化应用

花坛，即在有一定几何形轮廓线的范围内按照一定规则栽种的花卉。花坛所要表现的是花卉群体的色彩美以及由花卉群体所构成的图案美。花坛在改善环境、美化生活等方面有着多方面的功能。

第一，花坛具有装饰美化的作用。色彩绚丽协调、造型美观独特的花坛设置在公共场所和建筑物四周时，能对其起着装饰、美化、突出的作用，给人以艺术的享受。特别是在节日期间增设的花坛，能使城市面貌焕然一新，增加节日的气氛。

图 10 - 13　花坛装饰美化环境

第二，花坛具有引导交通的作用。设置在交叉路口、干道两侧、街道两旁的花坛，有着分割路面、疏散行人车辆的作用。

图 10 - 14　花坛引导交通

第三，花坛是人们浏览休憩的去处。利用若干个花坛按一定规律组合在一起，所构成的花坛群，实际上形成了一种小游园的形式，为人们提供了休憩和娱乐的场所。

■ 花坛的类型

（一）独立花坛

单独设立的花坛称之为独立花坛。独立花坛因其占地面积小，可布置于街道或道路的交叉口、公园的进出口的广场、小型的公共建筑正前方及小型建筑广场的中央。另外，独立花坛是组成花坛群的基本单元。独立花坛有下面几种类型。

1. 规则式平面花坛。 花坛平铺地面，其外形整齐，形状多样，外形轮廓线呈一定的几何形状，如三角形、四方形、多边形、菱形、半圆形、圆形及椭圆形。有的是单面对称，有的是多面对称。根据所表现的内容不同，又有下面几种形式：

（1）花丛花坛。该花坛所要表现的是花卉植物盛花时群体的色彩美。花丛花坛以群体花卉呈现的华丽色彩为构图的主题，其外形的几何轮廓较丰富，内部图案纹样力求简洁鲜明。花丛花坛主要由观花草本花卉组成，可由同种而不同品种花卉组成，也可以由不同种花卉组成。

图 10-15　花丛花坛

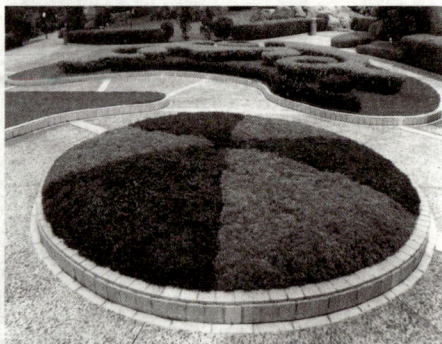

图 10-16　模纹花坛

（2）模纹花坛。该花坛要表现的是花卉植物所构成的精美复杂的图案美。花坛的外形轮廓比较简单，强调的是内部纹样的繁杂华丽。主要由低矮的观叶植物组成，常用花卉有：五色苋、彩叶草等。

2. 立体模型式花坛。花坛较高，呈立体结构。其中央呈一般的"花台"形式或进行突出处理，即在中央位置设置一定的艺术形象（模型）：如塑像、动物造型、文字、树桩、山石等，从而形成了具有不同主题内容的立体花坛。

图 10 - 17　立体花坛

（二）花坛群

许多个花坛按一定规则组合成一个不能分割的构图整体，称为花坛群或组合花坛。花坛群因为规模很大，一般设置于大型的建筑广场上、大型的公共建筑前方或是大规模的规则式园林中。

■ 花坛的花卉配植

花卉的种类很多，其形态、色彩各异。花坛花卉的配植，既要考虑花坛的类型与特点、设置花坛的地点与周围环境条件，还要考虑季节、时间等诸多因素。

（一）花丛花坛的花卉配植

花丛花坛宜选用观花草本。要求其花期一致，花朵繁茂，盛开时花朵能掩盖枝叶，达到见花不见叶的程度。为了维持花卉盛开时的华丽效果，必须及时更换花卉植物，如果合理利用球根花卉及宿根花卉更便于管理。

（二）模纹花坛的花卉配植

模纹花坛配植中，不同色彩的五色苋是最理想的栽植材料。该植物不仅色彩鲜明，高矮整齐，更重要的是其叶子细小、株型紧密，可以做出2～3厘米的线条来，所以用其最易于组成细致精美的装饰图案。也可选用香雪球、雏菊、百日草、四季秋海棠、孔雀草、三色堇、半支莲等。因为模纹花坛的设计和施工都要花很人的劳动，所需的费用很大，所以选用的花卉必须观赏期较长，才经济划算。

（三）主题立体模型式花坛的花卉配植

各种主题的立体模型式花坛，其花卉的选择基本与模纹花坛对花卉的选择相同。主要用五色苋附植在预先设计好的模型上。也可选用易于蟠扎、弯曲、修剪、整形的植物如小菊、四季秋海棠、孔雀草等。

小资料

花坛花卉的种植技巧

花坛施工时应先翻整土地，除去砖头石块等杂物，土质过差时应客土、施肥，再整平，然后按设计图施工。在栽植前3天应将花苗浇透水，最好用盆栽育苗，将近开花时移为地栽。栽植时盛花花坛应从中心向外栽植，单面式花坛自后向前栽植，株行距应一致，以开花时叶片正好遮掩土面为宜，高矮要求一致，栽后浇透水。模纹花坛应先栽植图案边线，然后再栽植图案内部，生长期要经常修剪，以保持10～15厘米高，否则会影响图案的清晰。

4 花境绿化应用

花境是模仿自然界中林地边缘地带多种野生花卉交错生长的状态，运用艺术手法设计的一种花卉应用形式，旨在表现花卉群体的自然景观。花境从平面上看是各种花卉的块状混植，从立面上看则是高低错落，犹如林缘野生花卉交错生长的自然景观。

严格说来，花境并没有十分规范的形式，通常是根据种植者的喜爱和花境的类型，进行植物材料的选择和配置。常以管理简便的宿根花卉为主要材料，一次种植后可保持多年，通过不同的植物材料展示出不同的季相特点。

图 10 - 18　花　境

知识链接

花境的特点和优势

花境这一形式与我们传统的花卉应用方式如花坛、花带等相比，具有明显的特点和优势：

1. 花境中植物材料丰富。通常在花境中，特别是混合式花境中都会应用多种植物材料，包括露地宿根花卉，一二年生花卉，球根花卉，观赏草，花灌木以及生长缓慢的小型常绿树等，能够充分体现植物的多样性。丰富的植物种类还会吸引众多其他生物，形成一个和谐的小型生物群落，对改善城市环境具有重要的生态意义。

2. 花境具有自然的景观效果。花境中各种植物以自然的方式种植在一起，在配置上高低错落、疏密有致，可以产生丰富的色彩和层次，形成自然和谐的景观效果。置身于这种环境，令人身心得到愉悦和放松。

3. 花境的景观会随着季节的变化而变化。这种季相的变化美是其迷人魅力所在，也是花境有别于花坛、花带等其他花卉应用形式的重要特点之一。

4. 花境的类型和功能多样。花境通常为带状，可栽植在林缘、绿化带、草坪中、绿篱旁及建筑物前等处，应用场所广泛，特别是在一些公共场所的应用，不仅可以改善景观效果，而且还具有很多实际功能。如以乔灌木为背景可以做成林缘花境；在道路中间可做成隔离带花境；在交通环岛可以设置岛式花境；还可以根据季节和色彩等做成各种不同主题的花境。此外在形状上可以是规则式，也可以是自然式；从观赏角度上可以是单面观赏，也可以双面观赏。总之，可以根据具体的地形和环境做成各种类型的花境，这是传统的花卉应用形式所不能比拟的。

5. 花境观赏期长。养护管理相对粗放常规的混合式花境由于植物材料丰富，因此各种花卉开花时间此起彼伏，在花期上可以相互弥补，再加上一些观叶植物的应用，令其观赏期较长，像北京地区做到三季有花不成问题。此外，由于宿根花卉的较多应用，使得花境的养护管理相对粗放，一般花境种植后可维持3～5年，比起由一年生草花组成的花坛、花带，不仅景观更加丰富，而且节约成本。

　　总之，观赏花境组成的景观，人们不仅可以欣赏植物特有的自然美，同时又能感受植物组合的群落美。花境应用于不同场所，不仅可以丰富景观，满足生物多样性的要求，同时还具有很多实用功能。因此，花境是园林应用中的一种重要的形式，无论在城市园林绿化、公园景区还是私家庭院，都值得提倡和推广。

■ 花境的类型

　　花境的形式丰富，可以从植物材料、观赏角度、生长环境以及功能等方面分成不同的类型，每种类型都有其鲜明的特点。

（一）宿根花卉花境

　　宿根花卉花境是指所用的植物材料全部由宿根花卉组成的花境，是一种较为传统的花境形式。

　　宿根花卉具有种类多、适应性强、栽培简单、繁殖容易、群体效果好等优点，此外大多数宿根花卉都未经充分地遗传改良，在花期上具有明显的季节性，而且无论是花朵还是株形都保留了浓郁的自然野趣。在宿根花卉花境中，有些品种的宿根花卉虽然花期并不很长，但从整个花境的角度来讲，这反而会令花境的景观富于变化，每一段都会有不同的观赏效果。同一个花境也许在春季是由白色

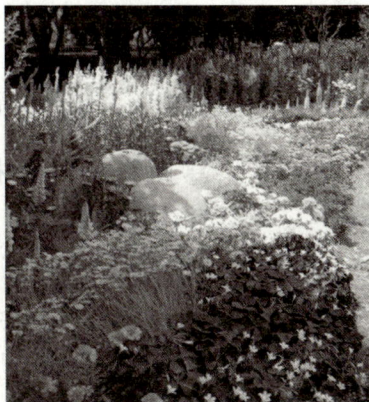

图 10-19　宿根花卉花境

和粉色组成，到了秋季就变成黄色和紫色的海洋。

知识链接

宿根花卉花境可选择的花卉品种

1. 镶边及前景花卉。筋骨草、庭荠、海古竹、岩白菜、苔草、石竹、老鹳草、萱草、矾根、马蔺、山麦冬、剪秋罗、夏枯草、景天、蔓常春花。

2. 中景花卉。蓍草、银莲花、楼斗菜、紫苑、落新妇、风铃草、金鸡菊、毛地黄、松果菊、火把莲、蛇鞭菊、羽扇豆、珍珠菜、美国薄荷、荆芥、月见草、东方罂粟、福禄考、钓钟柳、一枝黄花、婆婆纳。

3. 背景花卉。蜀葵、藿香、泽兰、蚊子草、堆心菊、赛菊芋、千屈菜、橐吾、博落回、东蓼、金光菊、唐松草、毛蕊花。

(二) 一二年生草花花境

一二年生草花花境是指植物材料全部为一二年生草本花卉的花境。

一二年生草本花卉的特点是色彩艳丽、品种丰富，从初春到秋末都可以有灿烂的景色，而冬季则显得空空落落。然而正是辉煌与萧条的对比，才会令人们对来年的盛景更期盼。很多一二年生草本花卉具有简洁的花朵和株形，具有自然野趣，非常适合营造自然式的花境。

可供选择的一二年生草本花卉品种很多，其中大多数种类对栽培的要求不高，只要土壤排水良好，阳光充足即可，而且大多数品种都在夏季开花。制作一二年生草花花境时，可以直接播种在规划好的种植床上，也可以在春季进行移栽，在夏季即可呈现绚烂的美景。

一二年生草花花境要保持完美的状态，一般中间需要更换部分花卉，而且每年需要重新栽植，要耗费一定的人力和财力。

图 10 - 20　一二年生草花花境

一二年生草花花境可选择的花卉品种

1. 镶边及前景花卉。 四季秋海棠、雏菊、桂竹香、白晶菊、露子花、屈曲花、凤仙花、半边莲、香雪球、酢浆草、矮牵牛、半支莲、报春、夏堇、雪叶莲、三色堇。

2. 中景花卉。 翠菊、金鱼草、蒲包花、金盏菊、异果菊、勋章菊、水团花、千日红、麦秆菊、柳穿鱼、紫罗兰、旱金莲、龙面花、非洲万寿菊、天竺葵、美女樱、百日草。

3. 背景花卉。 雁来红、醉蝶花、波斯菊、硫华菊、大丽菊、高山积雪、满天星、向日葵、芙蓉葵、紫茉莉、花烟草、虞美人、观赏蓖麻、肿柄菊。

（三）球根花卉花境

球根花卉花境是由各种球根花卉组合而成的花境。球根花卉具有丰富的色彩和多样的株形，有些还能散发出香气，因而深受人们喜爱。此外，球根花卉由于本身储存有养分，所以栽植后只要注意灌水就能够开出美丽的花朵，因此从种植后到开花期间在养护管理上都比较简便。但是很

图 10 - 21　球根花卉花境

多球根花卉在开花后会进入休眠期，此时应该将球根挖起，储藏到下一次栽植的时期，因而需要花费一些时间和精力。

多数球根花卉的花期都在春季或早夏，那个时候宿根花卉正处在生长期，因而更能显现出球根花卉的绚丽多姿，因此球根花卉常用于春季花境中。但其缺点是花期较短和相对集中，进入休眠期则显得落寞。营造花境时，可以通过选择多个品种以及同一品种不同花期的类型来延长观赏期。

知识链接

球根花卉花境可选择的花卉品种

1. 小型植株。株高 20 厘米以下。番红花、仙客来、香雪兰、风信子、葡萄风信子、绵枣儿、葱兰。

2. **中型植株。**株高20～60厘米。百子莲、朱顶红、球根秋海棠、大丽花、贝母、网球花、鸢尾、石蒜、喇叭水仙、花毛茛、郁金香。

3. **大型植株。**株高在60厘米以上。大花葱、大百合、美人蕉、文殊兰、唐菖蒲、百合。

（四）混合花境

混合花境是由多种不同种类的植物材料组成的花境。如果想获得一个四季都充满趣味和变化的花境，那么混合花境就是最好的选择。

图10-22　混合花境

混合花境通常以常绿乔木和花灌木为基本结构，配置适当的耐寒宿根花卉、一二年生草花、观赏草、球根花卉等，形成美丽的景观。根据观赏要求的不同，每种植物材料所占的比例有所不同，但总体说来，一个标准的混合花境中，宿根花卉通常是景体，应占据1/2甚至更多的空间；乔、灌木用来形成一个长久的结构，占1/4～1/3的比例；少量而精致的观赏草会成为花境中的视觉焦点；球根花卉和一二年生草花则用来丰富色彩并弥补宿根花卉花期上的空档。

混合花境所用的植物材料丰富，能够充分利用空间、光照和养分等资源，组成一个小型的植物群落。各种植物的姿态、叶色、花色等在不同时期都会呈现出不同的景观效果，会产生分明的季相变化，因而观赏期长，同时也符合了植物自身的生态要求。混合花境的应用比较广泛，特别是在较为寒冷的地区是一种极好的应用形式。

■ 花境施工

（一）整床及放线

由于花境施工完成后可多年应用，因此需有良好的土壤。对土质差的地段应换土，但应注意表层肥土及生土要分别放置，然后依次恢复原状。通常混合式花境土壤需深翻 60 厘米左右，筛出石块，在距床面 40 厘米处混入腐熟的堆肥，再把表土填回，然后整平床面，稍加填压。

按平面图纸用白粉或沙在植床内放线，对有特殊土壤要求的植物，可在其种植区采用局部换土措施。要求排水好的植物可在种植区土壤下层添加石砾。对某些根蘖性过强、易侵扰其他花卉的植物，可在种植区边界挖沟，埋入石头、瓦砾、金属条等进行隔离。

（二）花卉栽植

通常按设计方案进行育苗，然后栽入花境。栽植密度以植株覆盖床面为限。若栽种小苗，则可种植密些，花前再适当疏苗；若栽植成苗，则应按设计密度栽好。栽后保持土壤湿度，直至成活。由于花境所用植物材料多为多年生花卉，故第 1 年栽种时整地要深翻，一般要求深达 40～50 厘米，若土壤过于贫瘠，要施足基肥；若种植喜酸性植物，需混入泥炭土或腐叶土。然后整平即可放样栽种。栽种时，需先栽植株较大的花卉，再栽植株较小的花卉。先栽宿根花卉，再栽一二年生草花和球根花卉。

（三）花境养护

花境种植后，随时间推移会出现局部生长过密或稀疏的现象，需及时调整，以保证其景观效果。早春或晚秋可列植新植物（如分株或补栽），并把秋末覆平地面的落叶及经腐熟的堆肥施入土壤。管理中注意灌溉和中耕除草。混合式花境中花灌木应及时修剪，花期过后及时去除残花等。

花境实际上是一种人工群落，只有精心养护管理才会保持较好的景观。一般花境可保持3～5年的景观效果。花境虽不要求年年更换，但日常管理非常重要。每年早春要进行中耕、施肥和补栽。有时还要更换部分植株，或播种一二年生花卉。对于不需人工播种、自然繁衍的种类，也要进行定苗、间苗，不能任其生长。在生长季中，要经常注意中耕、除草、除虫、施肥、浇水等。对于枝条柔软或易倒伏的种类，必须及时搭架、捆绑固定，还要及时清除枯萎落叶保持花境整洁。有的需要掘起放入室内过冬，有的需要在苗床采取防寒措施越冬。

参考文献

CFD 中华花艺设计协会花艺基础教学 . 1999. 台北：台湾花艺杂志社 .

曹春英 . 2010. 花卉生产与应用 . 北京：高等教育出版社 .

王莲英 . 2000. 中国传统插花艺术 . 北京：中国林业出版社 .

单元自测

1. 花卉的应用形式主要有哪些？
2. 花卉应用的主要设计原则有哪些？
3. 插花的类型主要有哪些？
4. 室内绿化装饰应用的花卉对光照有什么要求？

技能训练指导

一、花篮插花技能训练

（一）目的和要求

通过实践，掌握鲜切花在花篮中的应用，同时掌握庆贺花篮的制作方法。

（二）材料和工具

花材：百合、开运竹、月季、洋兰、山草和巴西叶等。插花使用的花器：竹编花篮、塑料包装纸和花泥。

（三）实训方法

（1）在花篮中垫入塑料包装纸（起到防止漏水和增加装饰的作用），将已浸透水的花泥放入到花篮中。

（2）先插入主枝花材（常见的主花材有唐菖蒲、百合、月季等），确定插花构图的骨架。也可插入构成外轮廓的叶材。主枝插入花泥应达到一半以下的深度，保证插花花枝的稳定牢固，但不能插透花泥。

（3）插入补充的花材和叶材，如香雪兰、月季、小菊、山草等。

（4）调整插花造型到姿态协调、完美。整个花材造型的体量应大于花篮。

（5）花篮插花的点缀装饰，如金银丝、彩带花球、贺卡等。

（四）实训报告

花篮插花流程及注意事项。

二、模纹花坛施工训练

（一）目的和要求

掌握模纹花坛的施工过程与施工要领，为其他类型花坛的设计施工打下基础。

（二）材料和工具

盆栽一二年生花卉：一串红、万寿菊、紫色彩叶草、粉色夏堇。

（三）实训方法

（1）翻整土地，除去砖头石块等杂物，土质过差时应客土、施肥，再整平。

（2）用白灰在栽植场地根据设计图放样。

（3）将盆花脱盆栽植，注意保护根系。先栽植图案边线，然后再栽植图案内部。

（4）栽植完成后浇透水，整理卫生。

（5）日后注意修剪，防止植物高低不平。

（四）实训报告

绘制模纹花坛效果图。

学习笔记